青少年心理自助文库
成功丛书

# 能 量

## 不畏浮云遮望眼

仉志英/著

放眼前方，
只要我们继续，收获的季节就在前方。

 中国出版集团  现代出版社

**图书在版编目（CIP）数据**

能量:不畏浮云遮望眼 ／ 仉志英著. —北京：现代出版社，2013.11
(2021.3 重印)

（青少年心理自助文库）

ISBN 978-7-5143-1841-8

Ⅰ．①能… Ⅱ．①仉… Ⅲ．①成功心理 – 青年读物
②成功心理 – 少年读物 Ⅳ．①B848.4 – 49

中国版本图书馆 CIP 数据核字(2013)第 273479 号

| | | |
|---|---|---|
| 作　　者 | 仉志英 | |
| 责任编辑 | 肖云峰 | |
| 出版发行 | 现代出版社 | |
| 通讯地址 | 北京市安定门外安华里 504 号 | |
| 邮政编码 | 100011 | |
| 电　　话 | 010 – 64267325 64245264（传真） | |
| 网　　址 | www.1980xd.com | |
| 电子邮箱 | xiandai@ cnpitc. com. cn | |
| 印　　刷 | 河北飞鸿印刷有限责任公司 | |
| 开　　本 | 710mm×1000mm　1/16 | |
| 印　　张 | 12 | |
| 版　　次 | 2013 年 11 月第 1 版　2021 年 3 月第 3 次印刷 | |
| 书　　号 | ISBN 978-7-5143-1841-8 | |
| 定　　价 | 39.80 元 | |

# P 前言
## REFACE

为什么当今时代一部分青少年拥有幸福的生活却依然感觉不幸福、不快乐？又怎样才能彻底摆脱日复一日的身心疲惫？怎样才能活得更真实、更快乐？越是在喧嚣和困惑的环境中无所适从，我们越是觉得快乐和宁静是何等的难能可贵。其实，正所谓"心安处即自由乡"，善于调节内心是一种拯救自我的能力。当我们能够对自我有清醒认识、对他人能宽容友善、对生活无限热爱的时候，一个拥有强大的心灵力量的你将会更加自信而乐观地面对一切。

青少年是国家的未来和希望。对于青少年的心理健康教育，直接关系着下一代能否健康成长，能否承担起建设和谐社会的重任。作为家庭、学校和社会，不能仅仅重视文化专业知识的教育，还要注重培养孩子们健康的心态和良好的心理素质，从改进教育方法上来真正关心、爱护和尊重他们。如何正确引导青少年走向健康的心理状态，是家庭、学校和社会的共同责任。因为心理自助能够帮助青少年解决心理问题、获得自我成长，最重要之处在于它能够激发青少年自我探索的精神取向。自我探索是对自身的心理状态、思维方式、情绪反应和性格能力等方面的深入觉察。很多科学研究发现，这种觉察和了解本身对于心理问题就具有治疗的作用。此外，通过自我探索，青少年能够看到自己的问题所在，明确在哪些方面需要改善，从而"对症下药"。

每个人赤条条来到世间，又赤条条回归"上苍"，都要经历其生老病死和喜怒哀乐的自然规律。然而，善于策划人生的人就成名了、成才了、成功了、富有了,一生过得轰轰烈烈、滋滋润润。不能策划的人就生活得悄无声息、平平淡淡,有些甚至贫穷不堪。甚至是同名同姓、同一个时间出生的人,也仍然不可能有一样的生活道路、一样的前程和运势。

人们过去总是把它归结为命运的安排,生活中现在也有不少人仍然还是这样认为,是上帝的造就。其实,只要认真想一想,再好的命运如果没有个人的主观努力,天上不会掉馅饼,地上也不会长钞票;再坏的命运,只要经过个人不断的努力拼搏,还是可以改变人生道路的。

古往今来,没有策划的人生不是完美的人生,没有策划的人只能是碌碌无为的庸人、畏畏缩缩的小人、浑浑噩噩的闲人。

在社会人群中,2∶8规律始终存在,22%的人掌握着78%的财富,而78%的人只有22%的财富,在这22%的成功人士中,几乎可以说都是经过策划才成名、成才、成功的。

策划的人生由于有目标有计划,因而在其人生的过程中是充实的、刺激的、完美的、幸福的。策划可以使人兴奋,策划可以使人激动,策划可以使人上进。

本丛书从心理问题的普遍性着手,分别描述了性格、情绪、压力、意志、人际交往、异常行为等方面容易出现的一些心理问题,并提出了具体实用的应对策略,以帮助青少年读者驱散心灵的阴霾,科学调适身心,实现心理自助。

本丛书是你化解烦恼的心灵修养课,可以给你增加快乐的心理自助术。本丛书会让你认识到:掌控心理,方能掌控世界;改变自己,才能改变一切。本丛书还将告诉你:只有实现积极心理自助,才能收获快乐人生。

# C目 录
## ONTENTS

# 第八篇　人生自信　天地豁然

# 第一篇

## 解密正能量

歌德曾经说过:"外貌只能炫耀一时,真美才能够百世不殒。"外貌漂亮固然能吸引他人的注意力,获得他人的好感,但最终还是要依靠来自内心的能量。能量能够将自己最好的形象展现给对方;很多方面会影响到我们的能量,尤其是一个人的风度和气度。如果说能量是人的精神名片,那么,风度和气度则是名片上最好的装饰物。如果能够展现给对方良好的风度、平稳的气度,我们也就能展现出具有独特魅力的强大能量,获得他人的关注与信赖,与他人进行更加深入的交流。

# 认知能量

## 能量的概念

从拉丁语的 aum（灵气），到印度的 prana（能量），再到中国哲学中的"气"，无不向人们讲述着"能量"这一概念的悠远历史。

有人研究发现：人用手接触水时，内心的想法会影响水的形态。例如，人心中产生爱、感谢等正面、积极的想法时，可以让水结晶呈现完美的六边形；人心中产生愤怒、咒骂等负面、消极想法时，则无法让水形成结晶。其实，水能"感觉"到的，只是人体的电磁能量场。它通过影响水的能量变化而最终让水呈现出不同的形态。

当然我们没有条件去观察水的结晶，但我们可以通过生活中的一些小事来感受能量的存在。例如，在特别愤怒的时候，我们往往会火冒三丈，感到有一股力量在身体里不断燃烧，恨不得马上找一个人打一架，或用其他方法痛痛快快地发泄一下。其实，这股燃烧的力量就来自愤怒时不断膨胀的能量。通过一个实验，你可以更加强烈地感受到这股力量的存在。首先，你需要选择一个不受外界打扰的房间；然后，你要让自己的身体尽量地放松，并且将自己的全部注意力都集中到自己的双手上；之后，你要让自己的双手不断地贴近、远离；反复几次以后，你就会感觉到有一股能量在双手之间流动。这种能量与你在愤怒时感受的力量在本质上是同一种能量。

其实，**能量就是一个围绕在我们周围的巨大磁场**。它由我们成长过程中的所有得失塑造而成，包括我们的性格、学识、教养、品位、家庭背景、成长环境等。能量也有积极与消极之分。如果你身心愉悦、精力旺盛、气质逼人,你的能量就是积极的,就会产生一种强大的吸引力,让周围和你接触的人感知到,并主动向你靠拢;反之,倘若你精神萎靡不振、灰头土脸、垂头丧气,你的能量就是消极的,会很弱,甚至对周围的人来说,你等同于不存在。因此,概括地说,能量是一种存在感和吸引力。

**一个人的能量是掩盖不住的,甚至是自然流露的,可以于无形中影响他人。**如三国时的曹操,他统一中原后,声威大振,匈奴王派使者觐见时,曹操觉得自己面貌丑陋,身材短小,于是便吩咐谋士崔琰卧于榻上,自己持刀立于崔琰的旁边。后来,曹操派人问使者,对魏王的感觉如何,使者回答说:"魏王雅望(风采)非常,然床头捉刀人,此乃真英雄也!"这就是一种不容忽视的存在感,也是我们每个人要学习的能量修炼的境界。

同时,能量本身也是一种吸引力。例如,我们常说的"马太效应"和"墨菲定律"其实就是能量吸引力的两个方面,前者是说强者越强,一个人拥有的越多,就会有更多的好事找到他,这是由积极的渴求与执着的追求吸引而来的。而墨菲定律则向我们指出了一条消极的路,即你越怕什么,就越来什么。其实,两者都是一种吸引,都是一种索求,只不过前者只求积极的东西,而后者却被消极的目标所左右,于是导致了截然相反的结果。

总之,**能量作为一种神奇的吸引力,可以给我们带来健康、财富、成功和幸福,也可以给我们带来疾病、贫穷、失败和痛苦。**只要你愿意理解它、接受它、控制它、提升它,并且在自己的工作和生活中有效运用它,你就能够改变自己的命运,心想事成。

## 能量的四大特征

每个人的能量都是独一无二的,但是不同人的能量之间也有着一些共同的特征。想要了解和掌握能量的特征,我们就要从认识这些共同的特征开始。

### 1.每一种能量都能与其他能量进行交流

在接触陌生人时,我们总会感觉对对方有所了解,也就是"第一印象"。"第一印象"有时候很准确地显示他人的一些特点,这是因为"第一印象"源自我们与对方的能量交流。能量之间会不断传递双方性格特点、情绪状态等信息让彼此有所了解。

一切物质都是由原子构成的，都拥有由电磁能量构成的能量场。不同的能量之间虽然在形态、强度等方面有很大不同，但都属于电磁能量场。因此，任何一种能量都可与其他能量进行交流。人体能量的活动较其他物质更为活跃，与其他能量之间进行的交流也更为频繁，尤其是在不同人之间更为明显。

### 2. 相互接触的能量会为彼此留下印记

当某种物体上有我们的能量标记，我们就会认为这种物体属于自己或者与自己非常亲近。

无论是有生命的动植物还是无生命的桌椅，我们都可以与之进行能量的交流。在能量交流的过程中，我们会吸收对方的一部分能量转化为自己的能量，也会给予对方一部分自己的能量。这种被对方能量所吸收的能量就会变成独特的能量标记。

### 3. 人体能量是可以操纵的

当我们向前走的时候，能量随着我们向前移动；当我们感到愤怒的时候，能量会不断膨胀并向外扩散更多的能量；当我们生病的时候，能量会变得和身体同样虚弱……身心状况的变化会引发能量的变化，也就意味着我们可以通过操纵自身来操纵我们的能量。

能量是可以操纵的，但这要建立在我们对于自身以及能量的充分了解之上。否则，能量很可能并不会向我们需要的状态变化。这是因为自身与能量之间的联系非常复杂，身心状况的微小变化可能引起能量的多种变化。比如说，当我们感到愤怒的时候，能量在不断膨胀的同时，身体附近的能量也会增多。这时人们用力击打其他物体时的疼痛感会比平时以同样力气击打其他物体小很多。在操纵能量时，我们必须了解所有可能引发能量状态变化的因素。

### 4. 能量是人体状况的一面镜子

人体是一个具有耗散结构的巨大系统，由控制不同行为的分系统组成，如消化系统控制消化行为、呼吸系统控制呼吸行为、血液循环系统控制血液循环行为等。但是不同的系统之间的行为是分散的，消化系统出现了问题，呼吸系统却不会受到什么影响。能量则把全身的各个系统联系成一个有机的整体,身体的任何一个部位出现了问题,能量的色彩、透明度、形态和大小等都会发生相应的变化。任何人的身体状况我们都可以从观察其能量的变化做出判断。

　　不仅如此,人的心态、情绪等变化都会影响到能量的状态。比如说,如果一个人特别快乐时,他的能量透明度就会极高;如果一个人特别悲哀的时候,他的能量透明度就会极低。身体状况和心理状况共同影响着我们的能量。在平时运用能量做出判断时,我们不仅要知道能量状态显示了人体的状况,还要分清楚究竟是人体的身体状况还是心理状况造成了如此的能量状态。

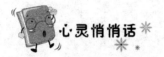

心灵悄悄话

　　生命,那是自然会给人类去雕琢的宝石。

　　生命不等于是呼吸,生命是活动。

　　生命是一条艰险的狭谷,只有勇敢的人才能通过。

# 影响能量的因素

## 影响能量强弱的因素

2008 年 6 月 27 日,是比尔·盖茨在微软的最后一天。为了纪念这分别的一天,比尔·盖茨特意自编自导了一个幽默的短片,并且邀请了诸多各界明星友情客串,取名叫作《盖茨的最后一个工作日》。盖茨用一种美国式乐观的态度来面对退休:"我希望为世界做出积极贡献。"

从哈佛大学辍学,与好友建立微软公司,连续 13 年被《福布斯》列为全球首富,他的身上始终散发着一种独特的领袖气质:在很小的时候,盖茨就有一种执着的性格和想成为人杰的强烈欲望。他是一个计算机天才,13 岁开始编程,并预言自己将在 25 岁成为百万富翁;他是一个商业奇才,独特的眼光使他总是能准确看到 IT 业的未来,使得强大的微软能够保持活力;他的人生信条是"我工作,我兴奋,我快乐!"这种精神也感染了全体微软员工,微软人都孜孜不倦地忘我工作……

即使盖茨已经离开了微软,投入到慈善事业中去,他的感召力也依然存在。来自哈佛商学院的教授戴维德说:"他所创建的这家公司是如此的成功,并且现在还正受到持续不断的挑战。他永远都不会变成一位有名无实的领袖。"

比尔·盖茨是一个非常有能量的人。他的能量来自于他对事业的追求和执着。这种不服输的性格让他拥有了不会在任何人面前低头的能量。除了不服输的性格以外,其他的性格同样会影响到我们的能量。

在影响能量强弱的因素中,性格起到最主要的作用。不同性格的人拥有不同的能量类型。比如说性格内向的人能量就会偏于内敛,更重视于保护自己不受他人能量的侵害,尽量避免被他人的能量探测到。性格外向的人能量则是张扬的,尽可能地舒展开,愿意与其他人的能量相接触。内向的人能量因为只占有很小的空间,所以能量颜色较浓,如果能量中的不利因素不能扩展出去的话,颜色就会越来越浓,这样将不利于心理和身体健康;外向的人能量则因为占有空间较大,所以颜色较浅,但是如果能量占有空间过于扩大的话,颜色会越来越浅,以至于影响到能量的积累。人的性格一般比较稳定,因此性格对于能量的影响是持久的,这也是我们可以从能量中了解到一个人性格的原因。

除了性格以外,性别同样会对我们的能量存在较为长久的影响。不同的性别理解问题的方式不同,所处的环境也不尽相同,这些都会影响到自身能量的强弱。认同"女性是弱者"的女性是很难拥有强大能量的,同样,抱有大男子主义态度、不懂得尊重异性的男子也不会拥有强大的能量。认同自己所属性别的独特性、尊重自己与他人的人才能不断累积自身的能量,让自己的能量越变越强。认为自身性别软弱的人无法积聚能量,认为自身性别强势的人则无法保持能量。当然,男性的能量与女性的能量之间还是有着很多不同,但是,这些不同在能量的相互交流中更易起到互补的作用,而不是相互碰撞的作用。

当然,能够把握自己的人不仅要学会如何改变那些可以改变的因素,也要学会去顺从那些不能改变的因素。利用这些因素所导致的能量的特点,并且将这些特点发挥到极致,我们同样会拥有强大的能量。**能量不是他人或者外界的馈赠,而是源自你自己。只有内心渴望强大的人,只有切实改变自己的人,才会拥有较为强大的能量。**

## 影响能量状态的因素

情绪是心灵、感觉、情感的激动或波动,泛指任何激动或兴奋的心理状态。简单来说,情绪是一个人对所接触到的世界和人的态度以及相应的行为反应,就是快乐、生气、悲伤等心情,它不只会影响我们的想法和决定,更会激起一连串的能量变化。

人的情绪体验是无时无处不在的。这些情绪体验既包括积极的情绪体验,也包括消极的情绪体验。不同的情绪对人的能量产生的影响是不同的。有些情绪能够提升你的能量,有些情绪则会对你的能量产生负面的危害,即使是相同的情绪,在不同的场合中对能量的影响也有可能不同。

1973 年 10 月,10 岁的李宁第一次参加全国少年体操锦标赛。比赛的时候,梁教练注意到,还没轮到李宁上场的时候,他转着一双大眼睛,看别人比赛,而不是躲在角落里,紧张地回想动作要领,生怕别人打扰自己。

一开始,梁教练觉得有点奇怪:这会不会分散精力呢? 于是他问李宁:"你在干什么呢?"

李宁说:"我在看他们比赛呢,真有意思。教练,你看,他摆脚不到位就想转身,不摔下来才怪哩!"

轮到李宁上场的时候,他还是保持着刚才看比赛的笑容,向裁判和观众挥挥手,然后向地毯走去。只见他左旋右转,不一会儿就把整套动作做完了,脸上始终保持着轻松的表情。走下场的时候,李宁的脸上还带着笑容。梁教练急忙迎上前去,问道:"怎么样,感觉还好吧?"

李宁神情自若地说:"就这样,跟平时练习一样。"

李宁在这次比赛中展现出来的能量令梁教练刮目相看,因为梁教练知道对于运动员来说,基本功固然重要,但要成为冠军,最重要的还是控制自己情绪的能力。高手对决,相差无几,稍微一点情绪的波动就会影响最后的成绩。若是不能控制好自己的情绪,过于紧张或者心理压力过大,可能连正常水平都发挥不出来。李宁身处比赛现场,具备悠闲自在的能量,为正常发挥进而取得好成绩奠定了良好的基础。

**冲动、沮丧或者愤怒之类的负面情绪同样会影响我们的能量状态,给自己带来非常不好的影响。**《世说新语》中就记载了这样一个不懂得控制情绪的人。

东晋蓝田侯王述是一个很性急的人,脾气极为暴躁。有一次,王蓝田在自己家里吃鸡蛋，用筷子去扎鸡蛋，结果鸡蛋圆滚滚、滑溜溜的，一筷子下去居然没有扎中。王蓝田因此暴跳如雷，一把把鸡蛋扔到了地上，结果鸡蛋在地上还旋转不止，仿佛在故意挑衅一般。王蓝田更加愤怒了，一脚踩上去想把鸡蛋踩扁，结果居然又没踩中！他简直快要被鸡蛋气疯了，又一把抓起鸡蛋，放在嘴巴里，把鸡蛋狠狠嚼碎之后吐了出来，这才感觉心里舒服了一些。

王羲之听说这件事情之后，摇着头说："就算是比王蓝田更加有才气的王安期，如果脾气这么坏，也一无是处了，更何况是王蓝田呢！"

在魏晋时代，人们认为处变不惊的雅量才是真正的大能量，脾气暴躁的王蓝田自然就毫无强大能量可言了。人的情绪随时都有可能发生较大的变化，这些变化是无法预料的。如果无法很好地控制自己的情绪，就仿佛是在自己的能量中埋下一颗时刻可能引爆的炸弹，能够造成的恶劣后果是可想而知的。情绪作为左右自身能量状态的重要因素，我们一定要尽量控制住自己的情绪，以此来引导能量，而不是让能量随着情绪爆发。

除了情绪以外，心态也可以在短时间内改变我们的能量状态。积极的心态可以让我们充满正面的能量，能量也就会变得更加稳定。消极的心态则会让我们充满负面的能量，能量中的正面能量与负面能量会发生更多的碰撞与消耗，导致能量混乱。

情绪与心态都是影响能量状态的重要因素。然而，我们还要了解到，情绪与心态之间也会互相影响。稳定的能量并不仅仅需要控制好自己的情绪，同时也需要我们保持心如止水的状态。处于稳定状态下的能量最易于被自己所掌控，也更利于发挥出强大的力量。

 心灵悄悄话 ✻

有理想在的地方，地狱就是天堂。

人生应该如蜡烛一样，从顶燃到底，一直都是光明的。

路是脚踏出来的，历史是人写出来的。人的每一步行动都在书写自己的历史。

生活真像杯浓酒，不经三番五次的提炼，就不会这样可口！

# 能量格局与类型

## 能量三论：格局、势、人气

皮克菲尔博士在《能量》一书中提道："一个人的能量是由三部分组成的：格局、势、人气。"格局是指谋篇布局的能力和严谨的计划，完美体现一个人的能量格局；势是指在恰当的时机，展现自己的野心或目标；人气是内在的势与格局，决定着一个人的外在。"人气"是内因，"势"代表激情，"格局"则是更重要的理性。

曾国藩说："**谋大事者首重格局。**"一个人格局大，自然善于布局谋篇、借势造势，哪怕外表看起来似乎一无所有，但却似胸中拥有百万雄兵。古今中外，大凡成就伟业者，无一不是一开始就从大处着眼，从细节出发，一步步构筑他们辉煌的人生大厦的。

霍英东先生就是其中一位，他是中国香港著名爱国实业家、杰出的社会活动家、全国政协原副主席……透过这些笼罩在他身上的耀眼光环，我们能清晰地看到一个有着人生大格局、生命大境界的大写的"人"字。

霍英东幼年时家境贫寒，7 岁前他连鞋子都没穿过。他的第一份工作是在渡轮上当加煤工……贫寒成了霍英东人生起步的第一课。后来，他靠着母亲的一点积蓄开了一家杂货店。朝鲜战争爆发后，他看准时机经营航运业，开始在商界崭露头角。1954 年，他创办了立信建筑置业公司，凭借着超人的胆识和布局谋篇的能力，渐渐成为国际知名的房地产业巨头。霍英东经营的领域从百货店到建筑、航运、房地产、旅馆、酒楼、石油等。

君子坦荡荡，作为亿万富翁，霍英东上街从不带保镖。拥有此等人生格局的人，他的能量也必然是能够纵横四海、充满浩然正气的。所以我们说，格局决定着能量的高低，拥有大格局的人必拥有大能量！

拥有大格局的人还懂得在恰当的时机，恰当地展现自己，称之为"势"。它是能量外显的必要手段。善于抓住机会的人不但懂得在合适的时机恰到好处地展现自己，更懂得搭形作势、顺势而为、借势而起。渴望成功是做人做事的基础，顺势而为是游刃有余、事半功倍的保证。能量强大的人都能够找到自己所想搭借的"形"，从而制造出想要的"势"。

人气是内在的势与格局，虽然"藏于内"，但却"形于外"。人气决定着一个人外在的形象、气质和气势。内在的势与格局强大，即使衣衫褴褛，也难以掩盖出众的英雄之气。

一个人的格局决定能量的高低；懂得把握势，能够顺风顺水，顺利地展现能量；人气是内在的格局和势，决定着一个人能量强弱。从这三个方面塑造能量，自然能够成为众人追捧的能量之王！

## 解析能量的不同类型

虽然每个人的能量都是独一无二的，但是大多数人的能量都会呈现出一种或者几种能量类型的特征。能量主要分为以下五种类型：

### 1. 完美型能量

完美型能量指的不是完美的能量，而是追求完美所带来的能量。拥有完美型能量的人一旦确定了某个目标，他们就会通过忘我工作来让他人和自己感到满意。他们的内心总是渴望着把事情做好，并且愿意为改善工作而付出长久的努力。

这类人追求精益求精，也希望能够教导他人去追求最好的结果。

他们会坚守标准，不会妥协和退步。为了坚定地做正确的事情，他们不惜作出自我牺牲。虽然拥有完美型能量的人比较挑剔、喜欢批评，只要其他人能够承认错误，他们会耐心地给予帮助和引导。

由于对生活和工作的方方面面都有极高的要求，因此，当现实不能满足他们的期待时,他们常常产生失望、沮丧、失落的情绪。他们容易注意别人的失误和过错,时常摆出批评、教训的态度,而这也引起他人的不满。他们遵守规则,眼里容不下沙子,这使拥有完美型能量的人常被负面情绪困扰。因为性格中的严厉和苛责,他们的人际关系一般不是很理想,很多人对这类人敬而远之。

### 2. 成就型能量

拥有成就型能量的人把取得成功作为人生最大的追求。他们对于手头的工作和未来的目标总是充满激情。

他们吃苦耐劳、尽心尽力,而且他们能够带动其他人表现得更加出色。

他们活到老、学到老,总是能给自己找到目标,并且能在目标的激励下奋力前进。

不论是对自己,还是对工作,他们都希望保持积极向上的正面形象。

他们喜欢亲力亲为,重要的事自己做,不善于求助和利用团队的力量。

为了达到目标,他们往往会走捷径,甚至可能破坏规则。

遇到经过努力仍然没有得到解决的问题、困难时,他们会非常烦躁和沮丧。

他们往往不能坦然面对失败。

### 3. 智慧型能量

拥有智慧型能量的人聪明、理性,分析能力强,见解深刻。

他们热爱思考,愿意做自己感兴趣的事情,不管有没有人支持。

他们很理性,不容易动感情,即使在重压之下,仍然能保持冷静的头脑和清晰的思维。

过于理性的智者常常给人冷酷、冷漠的感觉。

孤僻、自闭的个性有时会让这类人处于孤立无援的境地。

他们喜欢用分析、推理的方法对感情求解,但往往南辕北辙。

### 4. 快乐型能量

拥有快乐型能量的人是天生的乐天派,他们对于创造性的事情充满兴趣。他们喜欢帮助他人,为他人带去新的想法。

在工作的初始阶段,他们的作用尤为明显。他们愿意去尝试,有很多新的理念。

他们乐观,能带动周围人的积极情绪。

他们对于冒险的计划充满兴趣和激情。

他们善变,没有毅力,注意力容易被吸引和分散。

他们行动力不强,很难将好的点子付诸实践,产生价值。

他们的适应性差,总是追求自由、乐趣,而对日常的工作感到乏味。

### 5. 领袖型能量

拥有领袖能量的人天生就喜欢权力和控制。他们追求权力不仅是为了保护自己,同时也是为了帮助他人。

他们是典型的"困难领导者",越是面对困难和障碍,他们越能脱颖而出,直接面对挑战。

他们充满力量和热情,在团队中能给人力量和安全感。

他们选择的做事方法一般是最强硬的一种,喜欢白刃战,缺乏弹性。所以在公司里,他们的有些决策会比较消耗资源。

这类人给自己的压力很大,他们总认为做一件事情就要拼命。

看到外界(其中包括竞争对手)的变化时,他会很敏感,会想尽一切办法来增强自己的控制能力。当局势不在自己控制范围内的时候,拥有领袖型能量的人会非常沮丧。

他们在压力大的时候脾气很暴躁,容易得罪人,造成人际关系的困扰。

在不同类型的能量之中并没有好坏优劣之分,只不过是不同的能量类型适应不同的工作而已。了解自己的能量类型,并且依照自身能量的特点去选择自己的工作,能够起到事半功倍的效果。违背自身能量的特点去工作和生活,不仅会抑制自己的能量,也会让自己的事业和生活变得很糟糕。

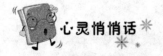
心灵悄悄话

希望是附力于存在的,有存在,便有希望,有希望,便是光明。

每天告诉自己一次,"我真的很不错"。

生气是拿别人做错的事来惩罚自己

"不可能"只存在于蠢人的字典里。

# 正负能量的较量

## 积极的能量带来灵感

有一句古老而神秘的格言说："思维带动一切能量。"

你的心中存在什么样的想法，你的能量就会呈现出什么样的状态，就会吸引到相应的能量。如果你很积极地对待你所需要处理的事情，能量中就会充满正面能量，帮助你吸引到一些灵感来解决问题；如果你只是很消极地处理事情，那么你的能量中就会充满负面能量，只会帮你吸引到阻碍你继续前行的力量。

吸引力只是接收我们的思想，然后以生命经验的形式，把这些我们内心中所想的东西回应给我们。每个人的命运都与他内心的渴望与召唤有关。本质上，即我们的思想、情感、语言、行动等结合在一起所构成的能量形式，将会对与其同质的人和事物形成吸引。而积极的能量则会帮助我们更有效地实现这种吸引力，为我们寻找到自身需要的灵感。

一天夜里，一场雷电引发的山火烧毁了美丽的"万木庄园"。这座庄园的主人迈克陷入了一筹莫展中。面对如此大的打击，他痛苦万分，闭门不出，茶饭不思。

转眼间，一个多月过去了，年已古稀的外祖母见他还陷在悲痛之中不能自拔，就意味深长地对他说："孩子，庄园变成了废墟并不可怕，可怕的是，你的眼睛失去了光泽，一天一天地老去。一双老去的眼睛，怎么能看得见希望呢？"

在外祖母的劝说下，迈克决定出去转转。他一个人走出庄园，漫无目的地闲逛。在一条街道的拐弯处，他看到一家店铺门前人头攒动。原来是一些家庭主妇正在排队购买木炭。那一块块躺在纸箱里的木炭让迈克的眼睛一亮，他看到了一线希望，急忙兴冲冲地向家中走去。

在接下来的两个星期里，迈克雇了几名烧炭工，将庄园里烧焦的树木加工成优质的木炭，然后送到集市上的木炭经销店里。很快，木炭就被抢购一空，他因此得到了一笔不菲的收入。他用这笔收入购买了一大批新树苗。

几年以后，"万木庄园"再度绿意盎然。

迈克之所以能够让自己的庄园重获生机，就是因为他放下了自己的悲痛，开始以积极的思想去考虑问题；他的能量逐渐恢复了原来的正面能量。

一件幸运的事情，会因为良性的能量循环带来一连串更多的惊喜；一件倒霉的事情，也会因为心情的变化越来越倒霉。这是一个连锁反应，与打仗非常类似，再强大的军队，只要出现溃逃现象，其他士兵就很容易也跟着逃跑导致全军覆没；再弱小的军队，只要拼死抵抗，也会因为一个小小的胜利鼓舞而获得之后的一连串胜利。

**积极产生正面能量，并且会去吸引更多的正面能量；消极产生负面能量，同样会去吸引更多的负面能量。**一个人在他幼年的时候，能量就已经形成，他对外界就有了吸引力。

积极的能量总是会帮助我们更好地解决问题，而帮助我们寻找到需要的灵感则是解决问题的办法之一。在我们遇到困难的时候，不要灰心、颓废、堕落，消极的能量只会让我们更加消沉下去。我们应该积极地、勇敢地去面对，就会充满正面能量，为我们提供我们所需要的一切。

## 负能量毁灭人生

人的一生不可能一帆风顺，总会存在着这样或者那样的挫折和困难。很多人在面对挫折与困难时丧失了挑战的勇气，从此甘于平庸；而有些人则凭着自己顽强不屈的性格勇敢地挑战挫折和困难，并最终取得了胜利。

23 岁的赵衷从某名牌大学毕业后到某外资公司工作，与公司女职员小艺一见钟情。但同居两周后小艺毅然离去，留给赵衷的是一腔的惆怅和烦恼。平素爱说笑的他变得沉默寡言，开始失眠，情绪消沉，一天到晚昏昏沉沉，人变得越来越消瘦，终日兴味索然。他开始怀疑生活的意义，感到自己是这个世界上多余的人。他终日唉声叹气，口口声声"连累了父母，还不如死了的好"。

赵衷是由于恋爱遭受挫折而产生了消极的心理。消极心理通常在以下几种情景中产生：一种是追求的目标脱离实际，看不到现实生活的复杂，由于力不从心而最后失败，消极心理油然而生；一种是意志薄弱，遇到挫折就灰心失望，觉得命运总跟自己作对，处处不顺心、事事不如意，于是就显得精神萎靡。

在你拥有消极心理以后，心灵中就会产生更多的负面能量，这些负面能量在进入身体以后，你的能量也会变成负能量。负能量会让你的意志逐渐消极下去，感到更多的困惑和迷茫，感受不到继续前进的动力，只是浑浑噩噩地度日。同时，负能量也会让你吸引来更多的负面能量，以及和你一样消极的朋友。你与这些人的交流会让你变得更加消极，直到你毁掉自己的人生为止。

1899 年 7 月 21 日，海明威出生于美国伊利诺伊州芝加哥市郊的橡树园镇。他 10 岁开始写诗，17 岁时发表了他的小说《马尼托的判断》。上高中期间，海明威在学校周刊上发表作品。14 岁时，他曾学习过拳击，第一次训练，海明威被打得满脸鲜血，躺倒在地。但第二天，海明威还是裹着纱布来了。20 个月之后，海明威在一次训练中被击中头部，伤了左眼，这只眼的视力再也没有恢复。

1918 年 5 月，海明威志愿加入赴欧洲红十字会救护队，在车队当司机，被授予中尉军衔。7 月初的一天夜里，他的头部、胸部、上肢、下肢都被炸成重伤，人们把他送进野战医院。他的膝盖被打碎了，身上中的炮弹片和机枪弹头多达 230 余片。他一共做了 13 次手术，换上了一块白金做的膝盖骨。有些弹片没有取出来，到去世都留在体内。他在医院躺了 3 个多月，接受了意大利政府颁发的十字军勋章和勇敢勋章,这一年他刚满19岁。

日本偷袭珍珠港后,海明威参加了海军。他以自己独特的方式参战。他改装了自己的游艇,配备了电台、机枪和几百磅炸药。他在古巴北部海面搜索德国的潜艇。1944年,他随美军在法国北部诺曼底登陆。他率领法国游击队深入敌占区,获取大量情报,并因此获得一枚铜质勋章。

海明威是一位优秀的作家,写下了在全世界范围内获得了广泛赞誉的《老人与海》《永别了,武器》等很多著作,还获得了1954年的诺贝尔文学奖。他是一位坚强的人,也是一位积极进取的人。然而,即使是这样一个人最终也没有战胜自己内心中的消极心理。1961年,这位"文坛硬汉"用猎枪结束了自己的生命。

**海明威的故事告诉我们,无论一个什么样的人,无论他过去有什么样的经历,当他无法战胜自己的消极心理时,等待他的总会是理想的幻灭、事业的低谷或者人生的终结。**消极心理所产生的负能量值得我们每个人注意,随着负面能量的不断积累,我们会变得更加消极厌世,逐渐走上下坡路,如果不加以控制,极有可能毁灭我们的人生。

每个人都要学会面对并且战胜自己内心中的消极心理,让负能量变成积极的能量。在平时,学会从积极的角度去看待这个世界,不断增强自身能量中的正面能量。只有当正面能量一直成为能量中的主宰,我们才能有效避免负面能量的影响,让我们的人生走上正轨。

 **心灵悄悄话**✳

> 人若软弱就是自己最大的敌人,有希望在的地方,痛苦也成欢乐。人生最大的错误是不断担心会犯错。把你的脸迎向阳光,那就不会有阴影。

# 少点抱怨多点乐观

## 乐观能量带来美好生活

《伊索寓言》中有这样一个故事:一只饥饿的狐狸路过葡萄园时,发现架子上挂着一串串葡萄,垂涎三尺,可自己怎么也摘不到。就在很失望的时候,狐狸突然笑道:"那些葡萄没有成熟,还是酸溜溜的。"于是转身高高兴兴地走了。事实上,狐狸没有吃到葡萄,仍然饿着肚子,但一句自我安慰的话让它摆脱了沮丧,变得快乐起来。

当人们自己的需求无法得到满足,便会产生挫折感。为了解除内心的不悦与不安,人们就会编造一些理由自我安慰,使自己从不满等消极能量中解脱出来。通过这个故事,我们可以发现:对于同一件事,如果从不同的角度去看,结论就会不同,能量也会完全不同。

经常保持乐观的心态可以克服习得性无助,也可以将自身的能量状态由消极转向积极。习得性无助是指有机体经历某种学习后,在情感、认知和行为上表现出消极的心理状态,而习得性乐观则是有机体习惯用乐观的心态来看待问题。

**乐观的心态与悲观的心态就对应着积极的能量与消极的能量。**一个人拥有乐观的心态、积极的能量,就会感到身心愉悦;当一个人拥有悲观的心态、消极的能量,就会感到身心压抑,而且消极能量还会不断吸引外在的负面能量来压迫自己。

当一个人处在消极能量的时候,就意味着承认自己无能、无力改变现状,常会用令人讨厌的抱怨来发泄一时的愤懑。但是积极乐观的能量却让人充满希望,即使面对无数困境也能斗志昂扬、积极乐观,将失败的阴霾一扫而尽,心情愉悦地抵达成功的彼岸。

东汉末年,乱世纷争,先有黄巾起义、董卓乱政,后有军阀割据。曹操在北方扫平各种割据势力,继而南下,欲统一中原。虽然遭遇前所未有的赤壁之败,他依然雄心不减,挟天子以令诸侯,气势无人能敌。

人们常常会发出这样一个疑问:在群雄并起、英雄辈出的时代,为什么是曹操站到了历史舞台的中央呢?心理学家曾对此做过相应的研究,他们从心理学角度分析,认为曹操之所以最后脱颖而出,其实质是能够习惯性地保持乐观的态度。在心理学家看来,正是这种心理所引发的积极能量帮助曹操成就了他的人生理想。

人们对已发生的事件进行解释时,对好事件做持久的、普遍的和个人的归因,而对坏事件做短暂的、具体的和外在的归因。这种对事件的解释方式是后天习得的,人们可以通过学习将悲观的态度转向乐观的态度,这也就是保持习惯性的乐观。曹操一生中有过成功,也经历过失败,但他总能将最坏的现实看成最好的结果,保持积极的能量,在一次次的困境中,以仰天大笑的姿态重新振作,最终登上当时的权力巅峰。他的行为正是习得乐观心理的重要表现。

保持习惯性的乐观态度能使人心胸豁达,积极奋发,如同曹操一样。在面临生活的挫折和困难时,积极乐观的人会笑傲江湖,先战胜自我而后战胜他人,最终赢得成功。那么,我们怎样才能具备利用习得乐观的心理来保持自己的积极能量呢?

**(1)有知足常乐的心态。**遇事要冷静,要学会进退自如。在顺境时多看自己的不足,在逆境时多看自己的成绩,这样就会做到胜不骄、败不馁。

**(2)有赏识他人的心态。**要学会给予别人欢乐,令他人感到温暖。赏识他人不等于否认自我,因为,人在交流中赞赏他人,自己也会得到欢乐,使得生活环境更加和谐。

**(3)有坚定的自我信念。**面对挫折,要坚信明天是新的一天,这样才能激发自我的动力和毅力去解决困难,不畏艰难,坚持不懈。

牛顿说:"愉快的生活是由愉快的思想造成的,愉快的思想又是由乐观的个性产生的。"的确,生活是你自己的,选择快乐还是痛苦都由你决定。要想赢得人生,就不能总把目光停留在那些消极的东西上,那只会使你沮丧、自卑、徒增烦恼。无论生活如何,我们都要保持乐观的心态、积极的能量。在我们对生活微笑的时候,生活才会对我们微笑。

## 抱怨,只会得到更多不幸

抱怨存在于我们生活中每一个角落,就好像美丽也总是在不经意间闯入我们的视野一样。抱怨会带来烦恼,痛苦会像滚雪球一样,越来越大,越来越沉重。如何摆脱抱怨的情绪?那就是倾听别人的抱怨,接受别人的抱怨。有一颗不抱怨的心,美丽便会尽收眼底。

抱怨的时候,人们实际上并不是在将自己内心中的不满情绪发泄出去,而是将这些不满情绪展现出来。这时,不仅他人能够听到我们的抱怨,自身能量同样会"听"到我们的抱怨。在我们感到不满时,身体、心灵、灵魂会创造出不少的负面能量,而当我们抱怨时,这些能量才会真正地被你接纳,成为你的能量的一部分,如此一来,我们的能量则会变成消极能量,给自身带来更多的不幸。

佛陀经过多次轮回才终得正果。他想知道世间其他生命如何看待自己这一世的修行,便询问众生:假如可以重新选择,将会怎样选择今生的生活?

众生的回答令佛陀大吃一惊。

猫说:"假如让我再活一次,我要做一只鼠。我偷吃主人一条鱼,会被主人打个半死。而老鼠呢,可以在厨房翻箱倒柜,大吃大喝,人们对它也无可奈何。"

鼠说:"假如让我再活一次,我要做一只猫。吃皇粮,拿官饷,从生到死由主人供养,时不时还有我们的同类给它送鱼送虾,很自在。"

猪说:"假如让我再活一次,我要当一头牛。生活虽然苦点,但名声好。我们似乎是傻瓜懒蛋的象征,连骂人也都要说蠢猪。"

牛说:"假如让我再活一次,我愿做一头猪。我吃的是草,挤的是奶,干的是力气活,有谁给我评过功,发过奖?做猪多快活,吃罢睡,睡罢吃,肥头大耳,生活赛过神仙。"

鹰说:"假如让我再活一次,我愿做一只鸡,渴有水,饿有米,住有房,还受主人保护。我们呢,一年四季漂泊在外,风吹雨淋,还要时刻提防冷枪暗箭,活得多累呀!"

鸡说:"假如让我再活一次,我愿做一只鹰,可以翱翔天空,任意捕兔捉鸡。而我们除了生蛋、报晓外,每天还胆战心惊,怕被捉被宰,惶惶不可终日。"

最有意思的是人的答卷。

不少男人一律填写:"假如让我再活一次,我要做一个女人,可以撒娇、可以邀宠、可以当妃子、可以当公主、可以当太太、可以当妻妾……最重要的是可以支配男人,让男人拜倒在石榴裙下。"

不少女人的答卷一律填写:"假如让我再活一次,一定要做个男人,可以蛮横、可以冒险、可以当皇帝、可以当王子、可以当老爷、可以当父亲……最重要的是可以驱使女人。"

佛陀看完,重重地叹了一口气:"为何人人只懂抱怨?若是如此,又怎会有更加丰富充实的来世?"

每个人都有自己要抱怨的事情,似乎每个人都理直气壮,却忽略了幸福源自珍惜。生活不是攀比。当这些牢骚与抱怨化作心灵天窗上厚厚的尘埃时,灿烂的阳光又怎能照进心田?那漫天的花雨你又能看见几许?

一位哲人说,世界上最大的悲剧和不幸就是一个人大言不惭地说:**"没人给过我任何东西。"**当一个人不断抱怨的时候,他的能量就会阻碍自身接收外界的能量,因为他一直都在抑制自身能量与他人能量的交流。他自然就无法接收到外界对于自己的赠与,逐渐把这句"没人给过我任何东西"变成真的了。

宽容地讲,抱怨实属人之常情。然而,抱怨之所以不可取,在于:抱怨等于往自己的鞋里倒水,只会使自己以后的路更难走。抱怨的人在抱怨之后不仅让别人感到难过,自己的心情也往往更糟,能量中的负面能量不但没有减少,反而更多了。常言道:放下就是快乐。与其抱怨,不如将其放下,用超然豁达的心态去面对一切,这样迎来的将是另一番新的景象。

你还在抱怨你生活的世界没有给你美吗？庄子说得好："天地有大美而不言。"美到处都有，生活中不是缺少美，只是缺少发现美的眼睛。通过万花筒看世界，美得变幻无穷；通过污秽的窗子看人生，到处都是泥泞。到底你的生命画布如何着色，要看你拥有一颗怎样看待世界的心。你需要知道，抱怨除了让你得到更多的不幸以外，没有任何作用。

　　经验是由痛苦中粹取出来的。

　　用最少的浪费面对现在。

　　用最多的梦面对未来。

　　所有的胜利，与征服自己的胜利比起来，都是微不足道的。

# 第二篇

## 激发精神世界正能量

　　每个人身上都是带有能量的,健康、积极、乐观的人带有正能量,和这样的人交往能将正能量传递给你,令你感染到那种快乐向上的感觉,让你觉得"活着是一件很值得、很舒服、很有趣的事情"。悲观、孱弱、绝望的人刚好相反。一位长者问他的学生:你心目中的人生美事为何? 学生列出清单一张:健康、才能、美丽、爱情、名誉、财富……谁料老师不以为然地说:你忽略了最重要的一项——心灵的宁静。没有它,上述种种就会给你带来可怕的痛苦!唯有精神世界的宁静,我们才能从心灵能量中吸取能量,继续前行。

# 正能量的根基

## 身体是能量的承载者

现在回忆一下你所认为的能量强大的人，看到他们的时候，你多半会感觉到从他们的身体上散发出一股强大的能量。这种能量就是来自身体的能量。

能量是身心能量汇聚而成的电磁能量场，身体能量、心灵能量、灵魂能量这三种电磁能量对于能量的强弱都会起到至关重要的影响。而我们的身体除了会为能量提供身体能量以外，还是能量的承载者和直接影响者。

爱因斯坦获得了诺贝尔奖，毫无疑问，他的智商是超群的。但是，跟他接触的人对他大多不会有什么特别的印象。而很奇怪的是，很多智商异常超群的人往往都是能量非常弱的人。他们似乎是高度的精神能量汇聚体，他们的能量却不能给他人留下深刻的印象。

你肯定听说过一些学识丰富的人看起来与其他人并没有什么不同，一些饱学之士的演讲也没有能够影响到很多人。他们无疑具有高速运转的大脑，丰富的知识让他们拥有了强大的能量。可是，他人却感受不到这些人的能量。

为什么会出现这种情况呢？原因很简单，他们的身体承载不了如此强大的能量，只能展现自身真正能量较小的一部分。能量是环绕在身体周围的能量场，只能附着在我们的身体上。无论自身的心灵能够散发出多么强大的能量,能量只能表现出身体所能承载的能量,如果身体超越了负荷就会受到一定损伤,能量也不能发挥出较好的作用。身体就像是装载能量的水桶,无论你有多少能量,能够展现出来的只有水桶里面的那些,多余的只会被浪费掉。爱因斯坦拥有很强大的能量,但是他的身体却很弱,无法承载过于强大的能量,只能表现出适合自己的能量。所以,爱因斯坦无法给他人留下很深的印象也不足为奇。另外,身体能量也是能量的重要组成部分。身体能力比较弱的人,身体能量一般也比较弱,这也同样会导致一个人的能量偏弱。

在能量中,身体能量一般分布在距离身体较近的部位,身体能量聚集在一起形成独特的身体能量。身体能量、心灵能量以及灵魂能量是能量的重要组成部分,每个部分都会有自己的特点和特性。身体能量的最大特点就是容易控制。身体能量聚集在较接近身体的部位,身体的一举一动都会影响身体能量以及整个能量的运动,而身体能量的变化是最为明显和突出的。我们也可以通过改变身体状况来改变他人的能量。

有一对夫妻总是吵架,因为丈夫很懒,不爱早起,不爱做家务,不能长时间陪妻子逛街,说话永远低声细语。二人同时淋了一场雨,妻子什么事情都没有,丈夫却得了感冒,卧床好多天才好。这些年尽管她知道丈夫的体质差,但是她在心里仍然很不满,认为丈夫懒惰,没有男子汉气概。整天腰酸背痛工作也干不好。

但是在咨询医生之后,妻子才知道,原来丈夫是以气虚为主的体质。这时她才恍然大悟,丈夫小时候得过重病。从这个角度来看,丈夫也很不容易,一直在和容易疲惫的身体抗争,还要努力工作养家。

接受了医生的调体建议后,妻子开始帮丈夫调理体质。不到半年时间,丈夫的体质明显改善了,中气足了,能量逐渐变强了,工作效率也更高了,事业逐渐有起色,工资也不断上涨。

在丈夫身体恢复健康以后,能量中的身体能量就会有所增加,同时,身体可以支撑的能量也会增加,丈夫的能量就会变得比以前强大很多。强大的身体能量会在很大程度上改变他的生活。

与心灵能量、灵魂能量相比,身体能量提升的空间比较小,所能发挥的作用也比较小。但是，身体能量同样拥有其不可替代的作用。首先，身体能量是最容易在短时间发生改变的能量场。当你握紧拳头的时候，就会觉得自己很有力量，这实际上就是在你握紧拳头时，身体处于准备状态，身体能量迅速增加，身体能量变得强大；其次，身体能量是最难发生重大改变的能量场。当你害怕的时候，身体可能会缩成一团。这时，你的心灵能量和灵魂能量都会迅速萎缩，整体能量迅速变弱。可是，当你紧缩身体时，身体能量还是会依旧释放出来，起到保护你的作用。

因此，想要拥有强大的能量，仅仅像爱因斯坦那样注重内在能量的修炼是不够的，我们还要注重身体能量的修炼和培养。

## 让你的身体充满活力

身体强健的人，能量才会强大。可是，并非能量强大的人都长得高大威猛。征服了大半个欧洲的拿破仑个子就不高，却没有人认为他的能量不强大。身体强健并不在于身高、体重，而在于身体是否充满了活力。

**身体与心灵、灵魂能量，少了哪一个，能量都像一个折翼的天使，怎么飞都飞不起来。要充分发挥能量的力量，就要让身体能量充满活力。**充满活力的身体不但体现出健康的状态，还会让你更有吸引力。我们可以通过身体锻炼和冥想提高自身能量的活力。

你愿意和一个健康的人相处，还是愿意和一个处于亚健康状态的人相处呢？这个问题的答案似乎非常明显。如果没有什么特殊情况，大多数人都愿意和健康的人一起相处。可是，人们为什么会如此呢？

人们更愿意与健康的人相处是由能量决定的。健康的人和处于亚健康状态的人所体现出的能量是不一样的。健康的人的能量很有活力，能量在不断运动。处于亚健康状态的人的能量缺乏活力，能量运动比较缓慢，也会尽量避免与他人的能量进行接触。有活力的能量比没有活力的能量更有吸引力的原因是能量中的能量运动越活跃，与他人能量之间的接触和交流就会越多，出现能量共鸣的可能性就会越大，吸引力也就会越强。因此，人们会更愿意和健康的人相处。

身体是能量的主要承载者,身体状况的好坏就直接反映了能量的强弱。而能量运动的快慢,则可以通过对对方能量的探知来了解。判断能量是否有活力有很多方法,其中最简单的就是看对方身上是否有那么一股劲儿,一股强烈的感染力,一股顽强向上的生命力。

活力不仅可以提升能量,同时还可以增加自身对于他人的吸引力。因此,在修炼能量的过程中,增强自身能量的活力是非常必要的。

让能量充满活力有很多方法,其中最基本的方法就是多参加身体锻炼,提高身体素质。身体健康对于提升能量活力有两个好处:第一,健康的身体可以为能量提供更多的身体能量。当能量中的能量增多时,就会有更多的能量储存在同样的能量中。自身能量就会向外界散发一部分的能量,也就可以提升能量的运动速度,让能量更有活力;第二,身体是能量的承载者,能量会随着身体的运动而不断变化,能量运动就会增多,能量同样会更有活力。

能量缺乏活力还有一个原因,就是有些负面能量长期处于能量中而无法散发出去,随着负面能量逐渐增多,能量中运动的能量就会越来越少,能量也就会越来越没有活力。接下来,你需要做的就是让那些不利于自身的负面能量从能量中散发出去,这种方法就是冥想。

在进行冥想时,最好找一个适合自身能量特点的自然环境。如果你的能量运动比较缓慢,那么森林就是一个很好的去处;如果你的能量运动比较频繁,那么山里就是一个很好的去处。在自身能量不够强大的时候,一定要避免河流或者瀑布的环境,外界强烈的能量变换虽然会让你的能量运动起来,但是对能量造成的损伤远比带来的好处多得多。冥想的关键就是让自身能量与外界能量自由地交流。在交流的过程中,外界能量会引领自身能量的变化。自身能量会逐渐随着外界能量运动,并且将能量中的负面能量扩散出去,让正向能量能够充分地运动。

锻炼身体可以有效地增强自身的能量,冥想可以有效地排出能量中的负面能量,这两种做法都有助于让自身能量充分地流动起来,增强身体能量的活力。身体能量增强活力以后,我们不仅会更加健康,还会更加愿意与他人交流,增加自己对于他人的吸引力。而且,当能量活跃起来以后,能量就会更加容易发挥相应的作用,可以让我们的能量展现更大的影响力。

在让自己的身体能量充满活力的过程中,我们也要注意劳逸结合地问题,要注意科学合理的训练方法,不要想"一口气吃成个胖子"。我们应该根据自身的实际情况,在保证身体健康的前提下进行锻炼身体和冥想的训练。在训练的过程中,我们还要注意自身能量的运动,避免让自身能量受到不利的影响。

**心灵悄悄话**

把自己当傻瓜,不懂就问,你会学的更多。

要纠正别人之前,先反省自己有没有犯错。

因害怕失败而不敢放手一搏,永远不会成功。

# 一个微笑一个握手间的能量

## 微笑绽放正能量的魅力

在现实的工作、生活中,一个人的面部表情亲切、温和、洋溢着笑意,远比他穿着高档、华丽的衣服更能产生吸引力正能量,更容易受人欢迎。

**微笑是一种宽容、一种接纳,它缩短了彼此的距离,它所表达的意思是:"你使我快乐,我很高兴见到你。"**微笑使人与人之间和谐融洽。当你微笑着面对他人的时候,你的正能量会显得更平和,你的正能量吸引力也就越大。

同时,我们的笑容能够让我们的正能量拥有更强的感染力。有微笑,就会有希望。没有人喜欢那些整天愁容满面的人,那样的人难以让人信任。很多人在社会上站住脚都是从微笑开始的,还有很多人在社会上获得了极好的人缘,也是从微笑开始的。

有人做了一个有趣的实验,以证明微笑的魅力。他给两个人分别戴上一模一样的面具,上面没有任何表情,然后,他问观众最喜欢哪一个人,答案几乎一样:一个也不喜欢,因为那两个面具都没有表情,他们无从选择。然后,他要求两个模特儿把面具拿开,现在舞台上展示出两个不同的表情,其中一个人把手抱于胸前,愁眉不展并且一句话也不说,另一个人则面带微笑。他再问每一位观众:"现在,他们中的哪一个更具有吸引力?"答案也是一样的,他们都选择了那个面带微笑的人。

上面这个实验充分说明微笑能带来强大的吸引力正能量。一些时候,微笑也可以帮助我们调整正能量状态,化解一些不必要的麻烦。

在一次商务谈判中，甲乙双方为了各自的利益稳住阵脚，互不相让，形成了僵持的局面。这时只见甲方的谈判代表，面带微笑地对大家讲了一次自己撞车的经历。那是一个浓雾弥漫的上午，公路上的汽车由于能见度有限，只好头尾相接地慢行。前面的车突然踩刹车，后面的车就顶上了他的车屁股。后面那位司机跳下来就和他吵："这么大的雾，怎么能紧急刹车？"而他却不慌不忙地说："老弟，你都跟着我开到车库里来了，还不倒回去呀？"在场的人听完都不禁笑起来，紧张的气氛缓和了，双方最后各自都退让了一步；"倒车"使谈判取得了皆大欢喜的圆满结局。这就是微笑的影响力。

真正的微笑应该发自内心并且充满活力。不真诚、不自然、假装和心怀叵测的笑容，不但不会为形象增光，还会破坏形象。**真诚的微笑，让人能通过你的微笑看到你的真挚情感。充满真挚情感的微笑不仅能够调整正能量中的心灵能量，也可以让身体能量与心灵能量更加调和，让正能量呈现出更加和谐的状态。没有人会喜欢"皮笑肉不笑"的虚隋假意，那只会让人更讨厌你。**

微笑具有一种神奇的魅力，可以令你振作精神，当你向别人表示你的善意和友好时，彼此就容易建立信任，而你也就很容易达到你的目标，得到你想要的。如果微笑能够真正地伴随你度过生命的整个过程，那么你将超越很多自身的局限，使你的正能量始终充满活力和亲和力。用你的微笑去欢迎每一个人，你将会成为最受欢迎的人。

既然微笑对于我们的正能量塑造如此重要，那么微笑训练便成为不可缺少的项目。微笑训练都有哪些技术上的要求呢？

在做微笑练习时，应注意总结微笑的特点：微笑时，嘴开到什么程度为宜；嘴唇呈什么形态最好，是圆的还是扁的；嘴角是平拉还是上提。练习时可以两人一组结对进行。微笑练习的动作要领是：嘴打开到不露或刚露齿缝的程度，嘴唇呈扁形，嘴角微微上翘。结对练习时可根据上述归纳的重点反复练习，互相注意，看看有什么问题。

需要注意的是，微笑也要分清场合，因为微笑所带来的正能量是轻松的、愉悦、充满亲和力的，这样的正能量性质并不适用于所有的场合，如召开重要会议、处理突发事件、参加追悼会时，就不能面带微笑。平日在运用微笑表情达意时，要真诚自然、适度得体，切不可无笑装笑、皮笑肉不笑、虚情假意地笑、僵化呆板地笑。正能量是心灵的流露。只有发自内心的微笑才会带来亲和的正能量。硬挤出来的笑只会令人的正能量显得虚伪做作,这样的笑会起到相反的作用。

## 握手:握出你的正能量

"我接触过的手,虽然无言,却极富有表现性。有的人握手能拒人千里,我握着他们冷冰冰的指头,就像和凛冽的北风握手一样;也有些人的手充满阳光,握着他们的手,感觉温暖。"美国著名的盲聋女作家海伦·凯勒这样形容自己同他人握手的经验。可见,即使不通过眼睛,甚至不需要认识这个人,单单依靠握手本身,就能够感受到一个人的能量。

心理学家指出,握手时的一些下意识动作就能够表示出对方的思想。尤其是初次见面的双方,在握手致意的时候,通常能够从这一动作中,感受到对方传递过来的能量。

这些能量中,较为常见的为以下三种:

### 1. 支配性能量

会传递出支配性能量的握手方式是握手时,伸出一只手,先握住对方,随即手掌向下。这个姿势显示出发出动作者有强烈的控制欲望。因此,他可能极为强势,希望能掌握彼此之间的控制权。根据美国某学者对54位成功的高级主管的调查显示,他们不仅会主动跟人握手,而且绝大多数使用了支配性握手的方式。

### 2. 顺从性能量

展现出顺从性能量的握手方式是握手时,手掌翻转过来,手心向上,这个姿势说明发出动作的人很温顺,容易控制。同时,这还意味着,他将相处中的优势地位让给了对方,失去了控制权。

### 3. 平等性能量

平等性能量的握手方式是在握手时,双方的手像垂直于地面的两堵墙,紧紧地握在一起。这个姿势说明发出动作者崇尚平等,尊重对方。通常这种手势会在双方间形成非常融洽的关系,留给彼此较好的印象。

握手这一动作的本意，就是要向对方表达友好，所以，用握手营造良好的氛围，为自己树立良好形象是很重要的。任何一方都不应有凌驾于另一方的想法，这样才能表达对对方的尊重。

此外，在握手时，还应当面露微笑，凝视对方的双眼，如此一来可以充分地将你的友好与热情传达给对方。尽管在握手之中有强势弱势、支配与控制之分，但在握手时仍应当遵循握手的本质，轻松地进行沟通与交流。

握手一般是双方接触的开始。恰到好处的握手能够让双方的正能量接触非常融洽。在握手时，我们应该注意如下几点：

第一，握手的时间要恰到好处。在握手时，既不能蜻蜓点水似的应付对方，也不能紧握对方双手长久不动。这两种握手法方式都容易引发尴尬和误解，尤其是异性之间，对于握手时间的掌控更应自然得体。双方最佳的握手时间可限定为3~4秒，握上一两下即可。

第二，握手的力度要强弱适宜。握手并不是在比腕力，而是更深层意义上的表达情感的一种方式。所以，在握手时，应当注意力度，与对方保持相当即可。需要注意的是，在社交场合往往要同多个人握手，因此就必须不断地调整握手的力度。

第三，行握手礼时，应距离对方约一步左右，上身稍向前倾，一脚稍迈向前一点，伸出右手，四指并齐，拇指张开与对方握手。手要上下略用力摆动，然后与对方的手松开。年轻者对年长者、身份低者向身份高者施行握手礼时，则应稍稍欠身表示态度谦恭，用双手握住对方的手，以示尊敬。男士与女士握手时，往往轻握女子的手指部分，但较熟的人或朋友可例外。关系十分亲近又久未见面的人，可边握手边问候，两人的手长时间握在一起，以表示双方的心情。注意不要轻握男人的手指或是将女士的手握痛了，也不要骑在自行车或在公交汽车上与人握手。

第四，伸手也有先后顺序。介绍双方时，先介绍地位低的，地位高的人先伸手；男士和女士握手，女士先伸手；长辈和晚辈握手，长辈先伸手；上级和下级握手，上级先伸手。如果客人和主人握手，客人到来时，一般主人先伸手，表示欢迎；而客人离开的时候，一般是客人先伸手，是让主人留步。

第五，握手态度应持有积极的态度，以示尊重，让对方感受到自己手心中的温暖。在握手时，应尽量确保两个人的手掌处于垂直于水平面的姿势，淡化双方之间的强势弱势之分。

　　除了以上这些需要注意的地方,我们还要知道与他人握手时,我们的正能量会与他人的正能量进行深入地接触,同时也是两个人加深了解的机会。如果我们能够利用握手的时机将善意的正能量展现给对方,就更容易获取对方的信任,也会在与对方的正能量交流中占据优势。

心灵悄悄话

世上最累人的事,莫过于虚伪地过日子。

第一个青春是上帝给的;第二个的青春是靠自己努力的。

思想如钻子,必须集中在一点钻下去才有力量。

# 提高正能量修炼法

## 修炼十足的底气

　　能量状态与呼吸节奏是相互对应的,这也就意味着有什么样的呼吸节奏也就会有什么样的能量状态。气喘吁吁的人的能量状态很难稳定,如果想要拥有稳定和谐的能量,我们就要让自己变得底气十足。

　　底气,最主要指的就是一个人的呼吸。呼吸支撑着人的生存、思考、做事、行动等。当呼吸无法支撑身体时,我们的身体就会出现很多问题,更多的问题则会出现在我们的能量上。呼吸不足会极大地影响我们的能量,施展能量的压迫力等很多能量活动都需要更多的底气。**真正想成为像演讲家一样的人物,拥有强大的能量,就需要我们增强自身的呼吸功能。当你的底气十足时,你的能量就会如花般美丽绽放。**

　　能量强大的人,呼吸往往平稳而深沉。在这一呼吸特征的影响下,他说起话来也充满力度,而且语速也会比较慢。平稳和缓慢的呼吸节奏表明一个人的心跳比较慢。而如果心跳慢又能满足生命活动的正常需要,那就说明此人的心脏收缩强劲,每次跳动输送的血液量比较多,也就是心脏功能比较好。这样的人即使进行了剧烈的运动,也能很快从急促的呼吸中恢复平静。心脏是生命力的根源,而呼吸则直接反映心脏强弱,所以,平稳深沉的呼吸能反映出一个人生命力的旺盛。

　　当然,生命力旺盛只是能量强大的一个基本条件。即使拥有一颗健康的心脏,也不一定就能成为具有影响力的人。你需要通过一些呼吸练习将生命能量转化为能量,培养一种谈吐之间能令风云变色的魄力。当然要完全达到这个目标,还需要你拥有同样强大的内心。但如果只是提升底气来增强自身能量的话,我们就完全可以从简单的外部方法入手。

**第一种方法:经常进行节奏平稳的深呼吸**。这不仅可以让你吸进更多氧气,更重要的是找到一种最适合自己的呼吸频率。这种呼吸频率会在很大程度上影响你的能量频率,可以帮助你让能量发挥到最强。所以,不要刻意去做,而要放松、自然而然地体会自己感觉最好的呼吸方式。只有当你感觉最好的时候,你的身体、心灵和灵魂才能产生更多的能量并与整个世界的能量互相传递——这也正是你的能量影响力最强的时候。此时,如果你用不太大的音量缓慢地说出一句话,而这句话的内容是一个命令或者请求,那将会比平时更容易被他人所接受。

**第二种方法:跑步**。请记住刻在希腊古城菲尔德石壁上的三句话:"你想要健康吗? 跑步吧! 你想要美丽吗? 跑步吧! 你想要智慧吗? 跑步吧!"古希腊的智慧已经告诉我们,跑步不仅仅能够锻炼一个人全身的肌肉,更可以净化人的心灵。从身到心的锻炼过程,就是通过呼吸——能量的反向循环来完成的。所谓反向,是指和平时由内向外释放能量相反,是从外向内的能量流动。如果寻找最适合自己的呼吸频率对你来说很有难度,你可以先进行十几分钟的慢跑。在慢跑过程中,你的身体会不断进行调整,以达到与呼吸节奏的完美配合,这时候你的呼吸节奏就是你所寻找的适合自身能量的呼吸频率。只有在这种情况下,你的身体、心灵能量才能实现畅通无阻的循环转化,你才能比较轻松地跑完一段路程。而且,当你跑完之后,身体虽然会有一点疲惫,却反而会比跑之前感觉更加轻松,甚至感到体重似乎有所减轻。如果你没有这种舒适的感觉,如果你感到跑步令你筋疲力尽,那多半是因为没有找到最适合自己的呼吸节奏,还需要在今后的练习中慢慢体会。

除了以上两种途径之外,你还可以通过游泳或者声乐练习来锻炼你的呼吸。声乐练习要求你运用气息来进行完美的发音,练习一方面能让你在说话时发音清晰有力,又能使你学会控制呼吸的节奏和强度。另外,在练习游泳的过程中,潜水、换气等技巧同样能帮你掌握呼吸节奏;同时,任何一种泳姿的练习都必然会强化你的胸腹肌肉,也就能增大肺活量,增加呼吸的深度。

运用上述方法进行一段时间的练习之后,你的呼吸会有很大改善。增加关于呼吸的训练,强化自身呼吸的能力,对于改善能量非常有益。因为无论是身体,还是心灵,都需要呼吸的支撑才能提供更为强大的能量。

## 在大自然中修身静气

"天然氧吧"这个词对我们来说并不陌生。天然氧吧是指天生的、自然存在的、不经人类加工的天然生态环境。"空气负离子、植物精气、空气中微生物含量"三项指标是衡量天然氧吧环境空气质量最重要的三个因子。就拿空气负离子这个指标来说,空气负离子具有广泛的生理生化效应和功能,被誉为空气中的维生素。它能够调节人体和动物的神经活动,提高人体免疫能力,提高大脑功能,调节人的情绪和行为,使人精力旺盛。世界卫生组织规定:清新空气的负离子标准浓度为每立方厘米空气中不低于 1000 ~ 1500 个。天然氧吧的空气中不仅负离子含量高,植物精气和微生物含量也较高。

现在社会生活节奏加快,生活方式的转变让人们的身心都积压了大量的负面能量。处在钢筋水泥的都市丛林,很难接触到大自然的气息,也失去了最直接的能量补充途径,你的能量可能暗淡或者衰弱。这个时候,不妨学学桑尼夫人,和朋友们一起走近大自然,感受大自然,让大自然宁静的感觉安抚我们的心,获得身心的安宁和能量的补给。

一个夏日的午后,桑尼夫人与她的朋友到森林游玩。到达之后,在优美的墨享客湖山上小房子中休息;这里位于海拔 2500 公尺的山腰上,是美国最美的自然公园。在公园的中央还有一个绿宝石般的翠湖舒展于森林之中。墨享客湖就是"天空中的翠湖"之意,在几万年前地层大变动时,造成了高高的断崖。她朋友的眼光穿过森林及雄壮的崖岬,轻移到丘陵之间的山石,刹那间光点闪烁、千古不移的大峡谷猛然照亮了她的心灵,这些美丽的森林与沟溪就成为滚滚红尘的避难所。

那天下午,夏日混合着骤雨与阳光,乍晴乍雨,她和她的朋友全身湿淋淋的,衣服贴着身体,心里开始有些不快,但是她和她的朋友仍彼此交谈着。慢慢地,整个心灵被雨水洗净,冰凉的雨水轻吻着脸颊,霎时引起从未有过的新鲜快感，而亮丽的阳光也逐渐晒干了衣服，话语飞舞于树与树之间，谈着谈着，静默来到她和她的朋友之间。

她们用心倾听着四方的宁静。当然，森林绝对不是安静的，在那里有千千万万的生物活动着，而大自然张开慈爱的双手孕育生命，但是它的运作声却是如此的和谐平静，永远听不到刺耳的喧嚣。

在这个美丽的下午，大自然用慈母般的双手抚平她们心灵上的焦虑、紧张。一切都归于和平。

**古语有云："吸天地之灵气，纳日月之精华。"** 古人的智慧蕴涵着一定的科学道理。当你觉得能量不足或者能量微弱时，去郊外感应大自然，到森林中去或到绿树成荫的公园里，在那里给自己一些时间，呼吸清新的自然空气，沐浴一下阳光，放松一下精神，在天然环境中修身静气。同时也可以在自然的环境中做做运动，比如林中步行、做操、打太极拳、闭目养神、做深呼吸或者放声歌唱……充分感受森林中的气息和氛围，接受一下大自然的洗礼，体会"天人合一"的美妙感觉。这样的方式最能够直接补充宇宙能量，增强能量。当你再次返还都市的时候，就会觉得身轻如燕，活力四射；你的能量颜色马上就会鲜亮起来！

大自然是我们修养身心的好场所。整日在都市里奔波的人们，请给自己多一些和大自然亲近的机会，让它抚平我们起伏不定的思绪，平静我们的内心，让我们与宇宙的本源紧紧连接。让我们在大自然中找到自己的本真，多一分淡定，多一分从容，更好地面对现实生活！

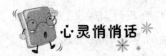

### 心灵悄悄话

人只要不失去方向，就不会失去自己。

如果你曾歌颂黎明，那么也请你拥抱黑夜。

未经一番寒彻骨，焉得梅花扑鼻香。

# 从心灵开始修炼正能量

## 精神安宁是心灵修炼的第一步

一位长者问他的学生：你心目中的人生美事为何？学生列出清单一张：健康、才能、美丽、爱情、名誉、财富……谁料老师不以为然地说：你忽略了最重要的一项——心灵的宁静，没有它，上述种种都会给你带来可怕的痛苦！唯有精神世界的宁静，我们才能从心灵能量中吸取能量，继续前行。

我们很忙，行色匆匆地奔走于人潮汹涌的街头，浮躁之心油然而生，这也是我们不留心去倾听灵魂的一个缘由。我们找不到一个可以冷静驻足的理由和机会。

现代社会在追求效率和速度的同时，使我们作为一个人的优雅在逐渐丧失。那种恬静如诗般的岁月对于现代人来说，已成为最大的奢侈和梦想。灵魂便在这些繁忙与喧嚣中被淹没。

物质的欲望在慢慢吞噬人的性灵和光彩，我们留给灵魂的空间被压榨到最小，我们狭隘到已没有"风物长宜放眼量"的胸怀和眼光。无论是我们的浮躁，还是社会的喧嚣，我们在不断追赶社会的速度中忘却了叩问灵魂的重要性，在不断前行中迷失了自我。

我们需要寻找自己的灵魂，倾听灵魂的声音，因为在心灵能量中蕴含着能够让我们持之以恒的能量。而只有保持精神的安宁，我们才能够倾听到自己的灵魂，也只有在精神的安宁中才能察觉到真实的自我。

被称为北大著名"未名湖畔三雅士"之一的张中行先生，其青年时代就有着强烈的求知欲望。他无休止地探寻：生命有意义吗？如何生存才是合理的？什么是"存在"？"存在"是顺从意志的必然，还是顺应天运的必然？张先生最后求证的结论就是保持心灵的宁静。

即使有人批评他，他也只是沉默。他说："其一，这类过去的事，在心里转转无妨，翻来覆去地去说就没有意思了。其二，我没有兴趣，也不愿意为爱听张家长、李家短的闲人供应茶余饭后的谈资。其三，最重要的，是人生实不易，不如意事十常八九，老了，余年无几，幸而尚有一点点忆昔的力量，还是想想那十之一二为是。"

他的这种省悟，是原原本本的，像李叔同坐禅时的冥想，也似丰子恺那样远离尘海时的冷观，同时又如闻一多、朱自清那样直面人生。我们要像理性所要求的那样做一切事情。因为这不仅能带来由于做事适当而产生的宁静，而且带来由于做很少的事而产生的宁静。想想看，假如我们取消那些不必要的绝大部分事情，那么我们将会有更多的空间来叩问自己的生命，为自己的心灵寻找适合的家园。

世俗的诸多繁忙并不是我们真正需要的。我们只是为了繁忙而繁忙，为了填补空虚而繁忙，却不知道这种"空虚"也就是精神的安宁。享受这种空虚我们就能够去更加深入地了解我们的能量，也才能够触碰我们的心灵能量。保持精神的安宁是修炼心灵能量的第一步，因为如果精神世界无法安宁，我们甚至都无法察觉心灵能量的存在。

## 拓展心灵正能量的深度

当一个人没有了小我的概念，心中只有众生，只有大我的时候，是最美的时候，也是修行的至高境界。此时他的正能量已经与万物的正能量融为一体，万物即我，我即万物。这样的正能量是无畏的、无惧的，最为慈悲和包容的。

一位作家说："任何崇高的道德行为，都含有自我牺牲的因素，删除了自我牺牲，故没有孝道，也没有厚道，而且没有了爱。道德就成了一句空话。"

所有崇高的道德，都是与牺牲相关联的。

秦朝末年，韩信发兵袭齐。齐军败退，齐将田横悲愤交加，为图复国之计，自立为王，率部属五百人隐入海岛（即今田横岛）。

公元前206年，刘邦建汉称帝，为消灭各地残余反抗势力，刘邦又派使者来岛招降："田横来，大者王，小者封侯，不来则举兵加诛。"

面对刘邦的再次召见，田横出于"国家危亡，利民至上"的思想，毅然带着两名随从前往洛阳朝见刘邦。但行至洛阳三十里以外的尸乡时（今河南偃师），田横获悉刘邦召见的目的旨在"斩头一观"，愤然对随从说："当初我和刘邦都想干一番大事业，而如今一个贵为天子，一个却要做他的臣子。我忍辱负重只不过是想保全我五百人的性命。刘邦见我，无非是想看我面貌，此地离洛阳三十里，若拿着我的人头快马飞驰去见刘邦，面貌还不会变。"言外之意是：我死，刘邦会认为岛上群龙无首，五百人的性命也就保住了。说完，不顾随从再三跪求，遥拜齐国山河，悲歌："大义载天，守信覆地，人生贵适志耳。"慨然横刀自刎。

田横自杀后，二随从急将田横之首送至洛阳。刘邦看到田横能为五百人自杀，感动落泪说："竟有此事，一介平民，兄弟三人前仆后继为齐王，这能说不是贤德仁义之人吗？"遂派两千禁军。以王礼葬田横于河南偃师，并封田横的二随从为都尉。二随从不被官位所动，埋葬田横后，随即在其墓旁挖坑自尽。留岛的五百兵士听说田横自杀后，深感"士为知己者死"，田横为保全属下性命而去洛阳，他们为表达对田横的忠义之心，遂集体挥刀自刎。

"生，我所欲也；义，亦我所欲也，二者不可得兼，舍身而取义者也。"田横用他的生命印证了"道德牺牲"，也践行了孟子所言的"舍生取义"之理。对于田衡，司马迁曾说过："田横之高节，宾客慕义而从横死，岂非至贤！"唐朝的韩愈也这样说过："自古死者非一，夫子（田横）至今有耿光。"

对于我们凡夫俗子来说，"牺牲"不一定非要舍生取义，但我们依然可以调整我们的正能量，使之越来越接近与大我融合的境界。即使身无分文，你也能给予别人救济，至少你还有善良和爱。平等的眼光、纯净的心灵、对所有生命人格的尊重，这些都是金钱衡量不了的，却是人人都能给予的。用真诚、用关爱去对待每一个人，尊重每一个人的人格，我们的灵魂就能得到

能量

NENG LIANG BU WEI FU YUN ZHE WANG YAN

——不畏浮云遮望眼

升华。

　　在人生路上，多行仁义之事，大义为先，渐渐地就会将个人的"小我正能量"融于社会的"大我正能量"之中。人生短短数十载，我们虽然不能选择生命的长度，但我们能够拓展心灵正能量的广度。融小我于大我，会让我们活出人生的极致，也为我们增添更为动人的光环。

 心灵悄悄话

　　每一件事都要用多方面的角度来看它。

　　生活中若没有朋友，就像生活中没有阳光一样。

　　明天的希望，让我们忘了今天的痛苦。

# 塑造能量的魅力

## 能力塑造强大影响力

　　他人能够感受到自身心灵能量的一个重要原因是别人对你的实力的认同。换言之，富有影响力的人之所以不同于一般人，重要原因之一就在于他被别人看成是独特的，甚至是独一无二的。这种信念一旦产生，人们不仅会心甘情愿地接受他，而且会作出异乎寻常的决定去追随他。因为一旦拥有对这个人坚定不移的信念，人们就会坚定地认为，他是如此非凡，他就会知道问题的全部答案，有办法变理想为现实。

　　问题的关键是如何才能使人们感到你非同寻常，你的非同寻常，是由其非同寻常的实力造成的，能力决定了你的影响力。

　　影响力与人的能力素质直接相关。那些个人素养、道德品质较好，而能力低的"无能的好人"，是难以获得影响力从而赢得追随者的。

　　成功的领导人在领导过程中表现出了超群的领导才能，能得到上司的赏识和信任，受到下属的爱戴和拥护。这样，未来领导人的威望就会逐步树立起来。一个人的实力是一步步增强和不断展现出来的。当你在生活和工作中表现出卓越的才能，得到他人的欣赏和信任，这样你的实力就展现出来，甚至获得一种无形的权威。

　　赢得了欣赏和信任，在生活和工作中自然就会一呼百应，大家愿意心悦诚服地聚集在你的周围，这样，支持者就会多。缺乏能力的人，生活上不如意，工作中不行，这样的人可能是个"老好人"，但多数人不喜欢和这样的人打交道，自然就树立不起威望，也不能赢得更多的支持者。

一些个人的素质或行为也会被理解成非凡的或独特的,成为构筑非权力影响力的重要因素。曾经教过比尔·盖茨的一位大学教授评价他说:"他是我所教的学生当中最好的学生,我不能想象还有比他更聪明的人。搞软件,对他来说几乎是不费力的。"比尔·盖茨的一位同学也说:"他是一位天才,问题就这么简单。他说他的脑子里尽是一些软件开发方案,而我们不能不信他。"不仅是比尔·盖茨,许多被称为魅力领导者的人也都是这样常常被熟知他们的人所议论。我们常常听人们钦佩地说起他们的老板,如:"他真聪明,善于把握事物的实质,一眼就能看穿未来。""他是与众不同的,他有非凡的理解力和卓越的战略眼光,没办法,他就是比别人聪明。"从这些话语中,我们不难看出这些人的老板以独特的能力,在其公司员工那里构筑了非凡的信誉和影响力。

有一个人是这么评价一位他非常尊敬的领导的:

他确实非常有魅力,这在两件事上明显地表现出来。一是他身上凝聚着有关制造业的全部知识,对此,他可以信手拈来,随意说出,可见,他对自己的专业了解得极为透彻。他刚一到任,就全面地更新了生产的流程,使得我们厂终于生产出自己的产品,而这在以前是从来没有过的。二是他给我们留下了深刻印象,那就是干什么他总比别人领先一步。当他和我们说出他的想法以后,很多人发自内心想说:"真希望那是我自己说的。"

确实有很多人拥有非凡的才能,但是,他们之所以被认为有非凡的才能,是因为他们获得过别人从来没有获得过的成功,而这些成功有时就被夸大地看成是超凡出众的能力造成的。

对于一个富有影响力的领导者来说,在他所有被下属所崇拜的才能中,最引人注目的是领导者的战略眼光。作为拥有较大专家影响力的领导者,他与普通领导人之间的区别,往往在于他不仅拥有非凡的战略眼光,而且拥有相应的知识及技能,这些往往被人们称为聪明或智慧。他们之所以给人以如此印象,是其非凡能力使然,同时,这也说明他们在其下属那里建立起了非同寻常的专家影响力。一般来说,这种专家影响力使得下属们坚信,在这样的领导者手下,自己能够得到更大的发展,因此,他们都心甘情愿地追随领导者。

应该引起注意的是,这些领导者非凡的战略眼光既非天生,也非神授,而只能解释为是从以前的实践经验中积累起来的对现象的领悟力和对未来的预见力。这种能力往往是与实践经验一起发挥作用的。他们之所以比其下属表现得更聪明,关键是因为他们拥有其下属没有的经验和知识。

我们要在成长中不断积累实力,用自己的实力展现心灵能量的能力。一切能力都源自内在,但只有当我们将这些能力展现出来,自己才能够切实感受到心灵能量的能量。而人类有史以来的最大错误就在于,或者是试图从外在世界中寻找力量和能量,或者只是相信内在世界蕴藏的能量和力量,却从来都不去挖掘。

## 把能量修炼当作一种习惯

从你重新认识到自身的能量,到拥有强大的能量,要经历很长的一段时间。这就如同一个躺在病床上很久忽然恢复健康的人,想要灵活地运用自己的身体也需要很长的时间一样。

在这个过程中,你一定要相信,自身能量是可以通过不懈努力变得强大起来的。如果你并不相信这一点,那么你在能量修炼中将一无所得。因为心灵能量是能量的主要提供者,心灵出现了动摇是不可能提高能量的。很少有人的能量天生就很强大,大多数人都需要通过后天的练习和努力来改变和调节自身的能量,让能量推动我们不断前行。

修炼能量这种我们本身就有的能量,实际上并不会比学习一项新的能力简单。没有信心是不可能完成这项修炼的。

如果说相信自身能量可以改变是改变能量的前提,那么坚持就是我们在修炼能量中必备的一种品质。也许任何能力的修炼或者技能的提高都需要坚持,在能量修炼中,坚持显得尤为重要。无论如何,当你准备修炼自己的能量,就一定要坚持下去。

不过,在修炼能量的过程中,选择一些固定的途径也是必要的。这些固定的途径并不一定会帮助你在这条路上走得更快,但至少可以避免你误入歧途。

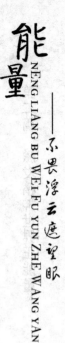

**1. 放松**

放松是让自己的能量可以自由地流动。放松时，你可以在一个安静的房间里舒适地躺下来，举起你的手臂，甩甩手，然后让手臂自然地在身体两侧垂下来，闭上眼睛，想象自己正躺在海边一个空旷的沙滩上。想象着潮水正涌过来，浪花轻拍着你的脚，慢慢地移动你的身体让它浸在浅水里。当海水继续上升时，让自己感觉漂浮起来，并被有节奏的海浪带入海里。感觉缓缓起伏的海浪，你随着海潮的起伏而起伏。想象你正在一个浪头上，当浪潮下降时，你在明亮的海水隧道中翻滚着。现在你被海浪冲回岸边，躺在舒服温暖的沙滩上。不要动，享受一下在自由和兴奋交替之后的宁静。

**2. 发泄**

冥想是让自己的身体能量和心灵能量中好的部分进行交换，发泄则是将身心能量中不适合自身的部分发泄出去。把身心能量中不符合自身的能量或者原本从外界吸取的能量发泄出去，对于我们每个人来说这种发泄是很重要的，因为只有这样才能让自身摆脱能量污染物的污染，使自己更加和谐统一。

总之，能量修炼需要持之以恒。如果你没有完全了解自己的能量，那和一点不了解自己的能量没有什么太大的区别；如果你没有彻底修炼好自己的能量，那和一点没有修炼自身能量也没有太大的区别。只有把这种修炼当作一种习惯，才能实现能量长期稳定、和谐的最佳境界。

改变自身的形体尚且需要我们长期不懈地锻炼，修炼能量并使之向我们想要发展的方向改变会变得更加困难。但是如果想要获得成功，改变自己的命运，能量的修炼是必需的，也是不可替代的。

心灵悄悄话

发光并非太阳的专利，你也可以发光。

愚者用肉体监视心灵，智者用心灵监视肉体。

当你能爱的时候就不要放弃爱。

# 第三篇

## 集聚正能量　活出新自我

　　我们每个人身上都有正、负两种能量。正能量多过负能量，个人以及社会才能不断进步。而如今我们每天都会接触到各种负能量，这些负能量的传播会将我们仅有的正能量消耗殆尽，并且不断传播给周围的人，就像病毒的传播一样。这种负能量会给你带来巨大的伤害，它的传播也会给他人带来更多的伤害。而真正内心强大的人，有能力疏导自己的负能量，找回自己的正能量，在人际关系中更能够将来接触到的负能量转化为正能量，从而净化自己的生活和工作环境，帮助更多的人接纳正能量。

# 解脱被自卑束缚的心

## 自卑的天敌是自强

生活中大多数人都习惯自怨自艾、自我批判,他们最常说的是"我身材难看""我能力太差""我总是做错事"……他们总是把目光放在自己所谓的缺点上,并且自甘低落。其实,每个人身上都会有一些令自己不如意的地方,当你产生这些想法的时候,不妨换个角度欣赏自己,相信你一定会看到属于自己的一份美丽。

60年前,加拿大一位叫让·克雷蒂安的少年,说话口吃,曾因疾病导致左脸局部麻痹,嘴角畸形,讲话时嘴巴总是向一边歪,而且还有一只耳朵失聪。

听一位医学专家说,嘴里含着小石子讲话可以矫正口吃,克雷蒂安就整日在嘴里含着一块小石子练习讲话,以致嘴巴和舌头都被石子磨烂了。母亲看后心疼得直流眼泪,她抱着儿子说:"孩子,不要练了,妈妈会一辈子陪着你的。"克雷蒂安一边替妈妈擦着眼泪,一边坚强地说:"妈妈,听说每一只漂亮的蝴蝶,都是自己冲破束缚它的茧之后才变成的。我一定要讲好话,做一只漂亮的蝴蝶。"

功夫不负有心人。终于,克雷蒂安能够流利地讲话了。他勤奋且善良,中学毕业时不仅取得了优异的成绩,而且还获得了极好的人缘。

1993年10月,克雷蒂安参加全国总理大选时,他的对手大力攻击、嘲笑他的脸部缺陷。对手曾极不道德地说:"你们要这样的人来当你们的总理吗?"然而,对手的这种恶意攻击却招致大部分选民的愤怒和谴责。当人们知道克雷蒂安的成长经历后,都给予他极大的同情和尊敬。在竞争演说中,克雷蒂安诚恳地对选民说:"我要带领国家和人民成为一只美丽的蝴蝶。"结果,他以极大的优势当选为加拿大总理,并在1997年成功地获得连任,被国人亲切地称为"蝴蝶总理"。

**生活总是不能圆满的,它总会给人生留下很多空隙,这其中最大的空隙就是理想与现实的距离。也许你想成为太阳,但你却只是一颗小星星;也许你想成为大树,但你却只是一株小草;也许你想成为大河,但你却只是一泓山溪……于是,你很自卑。**

自卑的你总以为命运在捉弄自己。其实,你也可以这样想:和别人一样,我也是一道风景,也有阳光,也有空气,也有寒来暑往,甚至有别人未曾见过的一株春草,甚至有别人未曾听过的一阵虫鸣……做不了太阳,就做小星星,让自己的星座,发热发光;做不了大树,就做小草,以自己的绿色装点希望;做不了伟人,就做实在的小人物,平凡并不可卑,可悲的是你不能安心地接受自己的平凡。

其实,自卑就是一种过多的自我否定而产生的自我贬低的情绪体验,是一种认为自己在某些方面不如他人的自我意识和自己瞧不起自己的消极心理,它是由主观和客观原因造成的。长期被自卑情绪笼罩的人,一方面感到自己处处不如别人,一方面又害怕别人瞧不起自己,逐渐形成了敏感多疑、胆小孤僻等不良的个性特征。自卑使他们不敢主动与人交往,不敢在公共场合发言,消极应付工作和学习,自暴自弃,不思进取。

古人说:"有长必有短,有明必有暗。"其实,每个人都是一样的,人人都有自卑的一面。而在通往成功的路上,我们只有勇于向自卑宣战,有化蝶的精神,才能成为一个自信的成功者。

## 磨炼心态　战胜自卑

从性格方面讲,具有自卑心理的人性格懦弱、内向、意志比较薄弱。这种人对于别人的误解与无端责难总是习惯妥协、沉默忍受。自卑者在交往活动中缺乏自信,想象失败的体验多。自卑是影响交往的严重的心理障碍,它直接阻碍了一个人走向群体,去与其他人交往。要战胜自卑心态,不要做自卑的俘虏。其实,战胜自卑的过程,其实也是磨炼心态、战胜自我的过程。

一位大学生毕业被分配到一个偏远的小镇任教,和他一同毕业的同学大多数都留在了大城市。他们有的在事业单位,有的在大企业,有的投身商海,他觉得哪个都比自己有出息,现实在他眼里好似从天堂掉进了地狱。

他越是觉得不公平,心态就越不平和,内心的自卑感也油然而生。从此他不愿与同学或朋友见面,不参加公开的社交活动。为了改变自己的现实处境,他寄希望于报考研究生,并将此看作唯一的出路。

强烈的自卑与自尊交织的心理让他无法平静,每次拿起书本,常因极度的厌倦而毫无成效。他感觉一翻开书就头疼,一个英语单词记不住两分钟;读完一篇文章,头脑仍是一片空白。最后连一些学过的常识也记不住了。他开始憎恶自己,憎恶让他无法安心读书的环境。

几次失败以后他停止努力,荒废了学业,当年的同学再遇到他,他已因过度酗酒而让人认不出他了。他彻底崩溃了,面对内心的自卑,他已经无力反击,大好的青春也就这样白白葬送了。

故事中青年就是因为陷入自卑的怪圈之中,不能自拔,才造成了自己可悲的人生。我们怎样才能战胜自卑,成为自己人生的主宰者呢? 我们可以从以下三个方面做起:

**第一,正确评价自我**

充分认识自己的能力、素质和心理特点,要有实事求是的态度,不夸大自己的缺点,也不抹杀自己的长处,这样才能确立恰当的追求目标。特别要注意对缺陷的弥补和优点的发扬,将自卑的压力变为发挥优势的动力,从自卑中超越。

**第二,提高自信勇气**

要相信自己的能力,学会在各种活动中自我提示:我并非弱者。我并不比别人差,别人能做到的我经过努力也能做到。认准了的事就要坚持干下去,争取成功;不断的成功又能使你看到自己的力量,变自卑为自信。

### 第三,积极与人交往

不要总认为别人看不起你而离群索居。你自己瞧得起自己,别人也不会轻易小看你。能不能从良好的人际关系中得到激励,关键还在自己。要有意识地在与周围人的交往中学习别人的长处,发挥自己的优点,多从群体活动中培养自己的能力,这样可预防因孤陋寡闻而产生的畏缩躲闪的自卑感。

自卑实际上是一种徒然的自我折磨,因为它既不会给你以激励,也不会给你以力量,反而只会催老你的身心,盗走你的骨气,并最终毁了你的事业前景。

自卑是人生最危险的杀手,它可以轻而易举地毁掉一个颇具才华的人。一个怀有自卑情结的人,往往会坐失良机。当好机会出现在眼前时,不敢伸手去抓,不敢奋力一拼,就会让机会从身边溜走。

**自卑是人自尊、自爱、自励、自信、自强的对立面。自卑是人冲出逆境的绊脚石。自卑是自己为自己设置的障碍。只有跨越这道门槛,自卑者才能集中精力和斗志去从事自己的事业,开始一种新的生活。**强者不是天生的,也有软弱的时候,强者之所以成为强者,是因为强者善于战胜自己的软弱。伟人之所以伟大,在于他们始终保持着一种积极乐观的心态,比普通人更自信。

## 克服自卑心态的方法

自卑心态会抹杀一个人的自信心,本来有足够的能力去完成学业或工作任务,却因怀疑自己而失败,显得处处不行、处处不如别人。由于自卑心态影响到了我们的生活和工作,所以给我们的心理、生活带来的危害也很大。

怎样克服自卑心态,让我们的生活更加轻松,更加明朗呢?我们接下来就谈一谈克服自卑的方式方法,希望这些方法能够为我们带来一些益处。

**第一步:睁大眼睛,正视别人。**

眼睛是心灵的窗口,一个人的眼神可以折射出性格,透露出情感,传递出微妙的信息。正视别人等于告诉对方："我是诚实的，光明正大的；我非常尊重你，喜欢你。"因此，正视别人，是积极心态的反映，是自信的象征，更是个人魅力的展示。

**第二步：昂首挺胸，快步行走。**

倘若仔细观察就会发现，身体的动作是心灵活动的结果。那些遭受打击、被排斥的人，走路都拖拖拉拉的，缺乏自信。反过来，通过改变行走的姿势与速度，有助于心境的调整。要表现出超凡的信心，走起路来应比一般人快。步伐轻快敏捷，身姿昂首挺胸，会给人带来明朗的心境，当自卑逃遁，自信心便滋生。

**第三步：练习当众发言。**

面对大庭广众讲话，需要巨大的勇气和胆量，这种办法可以说是克服自卑最为有效的方法。想一想，你的自卑心理是否多次发生在这种情况下？其实当众讲话，谁都会害怕，只是程度不同而已。所以你不要放过每一次当众发言的机会。

**第四步：学会微笑。**

真正的笑不但能治愈自己的不良情绪，还能马上化解别人的敌对情绪。如果你真诚地向一个人展颜微笑，他就会对你产生好感，这种好感足以使你充满自信。正如一首诗所说："微笑是疲倦者的休息，沮丧者的白天，悲伤者的阳光，大自然的最佳营养。"

学着一步步走出自卑的牢笼，不要惧怕别人异样的眼光。要想得到他人的重视，你自己先要瞧得起自己，这样别人才不会轻易小看你。当你习惯在人群中大胆地与人交流时，自卑心态自然就会消失，而你的好心态也在逐步建立。

心灵悄悄话

> 要铭记在心：每天都是一年中最美好的日子。
>
> 乐观者在灾祸中看到机会；悲观者在机会中看到灾祸。
>
> 肯承认错误则错已改了一半。
>
> 明天是世上增值最快的一块土地，因它充满了希望。

# 人生,不一样的烟火

## 合适的放大你的优点

你不是不能成功,你是没有看到自己所具有的走向成功的优点。

很多时候,放大自己的优点就是我们战胜困难的最好方法。许多成功都源于找到了自身的优点,并努力地将其放大,成为自己明显的优势。当然,放大自己的优点应在合理地认识自己、自我评价正确的基础上,否则那是一种自我欺骗与自我夸大。

19 世纪时的法国,有一个穷困潦倒的青年,从乡下流浪到巴黎。他找到父亲的一位朋友,希望他能够帮自己找到一份工作,使自己能在这个大城市中站稳脚跟。

青年和父亲的朋友见了面。寒暄之后,父亲的朋友问他:"年轻人,你有什么特长呢? 你精通数学吗?"

青年听了羞涩地摇摇头。

"历史、地理怎么样?"青年还是不好意思地摇摇头。

"那么法律或别的学科呢?"青年再一次窘迫地低下头。

"会计怎么样……"

面对父亲朋友提出的种种问题,青年都只能以摇头作答。青年的头越来越低,他似乎在无声地告诉对方:自己一无所长,一无是处,连一点儿优点也找不出来。

父亲的朋友并没有因为这些位对这位青年失去耐心,他对青年说:"那你先把自己的地址写下来吧。你是我老朋友的孩子,我总得帮你找一份差事做啊。"

青年的脸涨得通红,羞愧地写下了自己的住址,就急忙想转身逃开,离开这个令自己深感耻辱的地方。可是在他刚要走的时候,却被父亲的朋友叫住了,他和蔼地说道:"年轻人,你的字写得很漂亮呢,这就是你的优点啊,你不应该只满足找一份糊口的工作,你完全有能力获得更好的生活。"

字写得好也算一个优点? 青年疑惑地看着父亲的朋友,但他很快就在父亲朋友的眼神中看到了肯定的答案。

告别父亲的朋友之后,满怀着喜悦的青年走在路上浮想联翩:我能把字写得让人称赞,那我的字就是写得很漂亮了;能把字写得漂亮,我是不是也能把文章写得好看、引人入胜呢? 受到初步肯定和鼓励的青年,开始把自己的优点一点一点地放大。他一边走一边想,兴奋得连脚步都变得轻松起来。

从此以后,这个青年开始发愤自学。数年后,这个原来沮丧失望的青年果然获得了成功。他不仅写出了享誉世界的经典之作,而且还成了一名非常杰出的作家——他就是家喻户晓的法国著名作家大仲马。他的小说《三个火枪手》和《基度山伯爵》流传至今,成为世界文学史上的经典之作。

**缺乏自信的人,常常对自己的优点视而不见。**事实上,我们每个人都不会一无是处。人人都潜藏着独特的天赋,这种天赋就像金矿一样埋藏在看似平淡无奇的生命中。对于那些总是羡慕别人,认为自己一无是处的人,是挖掘不到自身的金矿的。如果当年的大仲马只把一句赞美的话当作一个好心的安慰,他就不会对自己的人生有更深的思考;如果他不是一点一点地放大自己的优点,给自己一份信念的话,他也不会获得巨大的成功。

在人生的坐标系中,一个人如果站错了位置——用他自己的短处而不是长处来谋生的话,那是非常可怕的,他可能会在自卑和失意中沉沦。一个人只有紧紧抓住自己的优点,并且加以利用,才有可能成功。

生活就是这样的,无论是有意还是无意,我们都要坚定自己的信心。不要总是拿自己的短处去对比人家的长处,却忽视了自己也有人所不及的地方。自卑是心灵的腐蚀剂,自信却是心灵的发电机。所以我们要学着找到自己的优点,并且将自己的优点最大化,使它发挥最大的作用。要记住无论身处何境,都不要让自卑的冰雪侵占心灵,而应燃烧自信的火炬,始终相信自己是最优秀的,这样才能调动生命的潜能,去创造无限美好的生活。

## 你就是你,是无可替代的

**歌德有句名言:只要你足够自信,别人也就会相信你。**

一个人的信心与能力通常是齐头并进的。每一个追求卓越的人都必须全力以赴面对人生的难题,只有这样,他才能成为一个真正卓越的人。当然,前提是这个人必须有足够的自信,相信自己是独特的,相信自己一定可以成为一个成功的人。

一名士兵奉命将一封信送往自己景仰的统帅——拿破仑的手中,这名士兵接到这个任务之后,十分兴奋。由于过于兴奋,再加上他想早些见到自己敬仰的统帅,他就拼命地策马前行,结果导致胯下的坐骑一到目的地就累死了。拿破仑读了信后,当即就做出了回复,并命人牵过自己的战马,吩咐那名士兵立刻骑马回营。

"不,尊敬的将军,"那名士兵看到统帅那匹心爱的骏马,连退数步,之后恳切地说,"我只是一个普通的士兵,没有资格骑这匹高贵的马。"

"你要做的就是服从命令!"拿破仑不假思索地答道,"世上没有一样东西是法兰西战士不配享有的!"

士兵听了拿破仑的话,一下子想明白了。他昂起头来,骄傲地向拿破仑行完军礼,立即上马,绝尘而去。

这世界上,没有哪个人一出生就注定了高贵或者卑微的。只不过有些人把自己想得太卑微。他们常用的借口是"唉,我能力太差""我不配……"这使得他们根本无法实现自己的目标。就像拿破仑眼中的士兵一样,他们每个人都有自己独特的价值,有什么理由好自卑呢?

兰兰觉得自己长得不够漂亮,很自卑,走路都是低着头的。有一天,她到饰物店去买了只蓝色蝴蝶结。店主不断赞美她戴上蝴蝶结很漂亮。兰兰虽不信，但是挺高兴，不由得昂起了头，急于让大家看看，连出门与人撞了一下都没在意。

兰兰走进教室，迎面碰上了她的老师。"兰兰，你抬起头来真美！"老师爱抚地拍拍她的肩说。

那一天，兰兰得到了许多人的赞美。她把这一切的赞美都归功于蝴蝶结，可就在她往镜前一站的时候，才发现头上根本就没有蝴蝶结。兰兰想了好久，认为一定是出饰物店时和人撞了一下给碰丢了。但是，兰兰并不觉得丢了蝴蝶结是一件难过的事，因为她知道，以后她再也不需要蝴蝶结了。因为她相信，这个世界上的每一个人都是独一无二的，那么自己也不例外。

兰兰的之所以不需要蝴蝶结，是因为她发现美丽源自克服羞怯后的那种自信与从容。只要抬起自信的头，即使没有蝴蝶结又有什么关系呢？因为，美丽已经在你的眉间、眼底悄然呈现了。

我们每个人都应该学着做自己，没有必要生活在他人的评论中，更无须将宝贵的青春挥洒给他人看。不会欣赏我们的人我们可以不理会，但是假若连你自己都不懂得欣赏自己，那就十分悲哀了。一个人要想获得他人的肯定，首先就要对自己充满信心，你只要有了足够的自信，别人才会为你添一抹尊敬的色彩。这个世界上，每个人都是独一无二、不可复制的，不要怀疑自己，因为真实的自己是最美丽的。

从现在起，发现自己，认识自己，相信自己，主宰自己的命运从发现自己开始。任何希望改变自己，跟随他人脚步的人都是愚蠢的。坚持走自己的路才能走出一段光辉的旅程。

理想的路总是为有信心的人预备的。

所有欺骗中，自欺是最为严重的。

你的选择是做或不做，但不做就永远不会有机会。

# 消极的人生不精彩

## 换一个视角看人生

在我们周围,很多人在面对困难、失败、烦恼等情况时,总是喜欢把自己逼到一个死胡同里面去,让自己无法从悲观低沉的情绪中解脱出来。这是因为自己太过执着于一个方向、一个角度、一个逻辑了,导致自己无法原谅自己,而这只会让坏的情况更糟糕。执着在很多时候有利于我们克服困难,但在另一些时候也会把我们限制在一个角度当中,让我们的能量无法自由地激发出来。遇到问题的时候,我们不妨试着改变一种想法和态度,尝试站在不同的角度来思考,或许这样你能看到不一样的状况。在这种状况下,你才能真正激发出属于自己的全部能量。

记得有位哲人曾说:**"我们的痛苦不是问题的本身带来的,而是我们对这些问题的看法而产生的。"**这句话很经典,它引导我们学会解脱,而解脱的最好方式是面对不同的情况,用不同的思路去多角度地分析问题。因为事物都是多面性的,视角不同,所得的结果就不同。

相信一句话:要解决一切困难是一个美丽的梦想,但任何一个困难都是可以解决的。一个问题就是一个矛盾的存在,而每一个矛盾找到了合适的介点,都可以把矛盾的双方统一。这个介点在不停地变幻,它总是在与那些处在痛苦中的人玩游戏。转换看问题的视角,就是不能用一种方式去看所有的问题和问题的所有方面。如果那样,你就会钻进一个死胡同,离那个介点越来越远,处在激烈的矛盾中而不能自拔。

**生活需要一点睿智。如果你不够睿智,至少可以豁达。**以乐观、豁达、体谅的心态看问题,就会看出事物美好的一面;以悲观、狭隘、苛刻的心态去看问题,你会觉得世界一片灰暗。这种想法不仅会让你的能量中充满了负面能量,还会限制自身潜能的发挥。当你的能量中负面能量越来越多的时候,你的能量就会变成负面能量。负面能量会指引你向毁灭自己的方向前进,而你的能量中的正面能量就会受到限制,潜能也会继续隐藏在正面能量当中。只有当你选择换一个角度看问题时,你的潜能才有可能被你发现。

换个角度看问题,你就会从容坦然地面对生活。当痛苦向你袭来的时候,不要悲观气馁,要寻找痛苦的原因、教训及战胜痛苦的方法,勇敢地面对这多舛的人生。换个角度看问题,你就不会为战场失败、商场失手、情场失意而颓废,换个角度看问题,是一种突破、一种解脱、一种超越、一种高层次的淡泊宁静,从而获得自由自在的乐趣。转一个视角看待世界,世界无限宽大;换一种立场对待人事,人事无不和谐。

任何事情都有两面性,换个角度去看事情,会给我们更多的启示。《司马光砸缸》的故事也说明了同样的道理。常规的救人方法是从水缸中将人拉出,即让人离开水。而司马光却急中生智,用石砸缸,使水流出缸中,让水离开人,这就是从另外一个角度看问题。

换个角度看问题可以让你发现自己的另一面,也会发现能量中被隐藏起来的能量。当我们沮丧、悲哀的时候,就应该学会寻找生命中那些会激起我们斗志的能量,因为这些能量会帮助我们而不是毁灭我们。


## 厄运不会一直存在

**有人说:"没有永久的幸福,也没有永久的不幸。"**尽管在生活中,我们每个人都会遇到各种各样的挫折和不幸,而且有的人不止承受一种磨难,有的人受打击的时间可以长达几年、十几年,但是让人极度讨厌的厄运也有它的致命弱点,那就是它不会持久存在。

人们在遭受了生活的打击之后,总是习惯抱怨自己的命运不好,身边没有能够帮忙的朋友,家世也不好,没有可依靠的父母等等。其实抱怨并不能解决问题。当问题发生的时候,我们一定要相信——厄运不久就会远走,转运的一天迟早会到来。

宾夕法尼亚州匹兹堡有一个女人，她已经35岁了，过着平静、舒适的中产阶层的家庭生活。但是，她突然连遭四重厄运的打击。丈夫在一次事故中丧生，留下两个小孩。没过多久，一个女儿被烤面包的油脂烫伤了脸，医生告诉她孩子脸上的伤疤终生难消，母亲为此伤透了心。她在一家小商店找了份工作，可没过多久，这家商店就关门倒闭了。丈夫给她留下一份小额保险，但是她耽误了最后一次保费的续交期，因此保险公司拒绝支付保费。

碰到一连串不幸事件后，女人近于绝望。她左思右想，为了自救，她决定再做一次努力，尽力拿到保险补偿。在此之前，她一直与保险公司的下级员工打交道。当她想面见经理时，一位多管闲事的接待员告诉她经理出去了。她站在办公室门口无所适从，就在这时，接待员离开了办公桌。机遇来了。她毫不犹豫地走进里面的办公室，结果，看见经理独自一人在那里。经理很有礼貌地问候了她。她受到了鼓励，沉着镇静地讲述了索赔时碰到的难题。经理派人取来她的档案，经过再三思索，决定应当以德为先，给予赔偿，虽然从法律上讲公司没有承担赔偿的义务。工作人员按照经理的决定为她办了赔偿手续。

但是，由此带来的好运并没有到此中止。经理尚未结婚，对这位年轻寡妇一见倾心。他给她打了电话，几星期后，他为寡妇推荐了一位医生，医生为她的女儿治好了病，脸上的伤疤被清除干净；经理通过在一家大百货公司工作的朋友给寡妇安排了一份工作，这份工作比以前那份工作好多了。不久，经理向她求婚。几个月后，他们结为夫妻，而且婚姻生活相当美满。

这个故事很好地阐释了厄运的寿命。古语说"否极泰来"，即使是现在深陷困境，也会在不久的某一天等到厄运的夭折期。

**佛教有一首偈语说得好："三十三天天外天，九霄云外有神仙。神仙本是凡人做，只怕凡人心不坚。"**如果你想要享有幸运的人生，那么就必须拥有坚定的能量，相信厄运一定会过去的。

人生欢喜多少事，笑看天下苦难愁。在生活中，人们难免会遇到苦难、挫折、劳苦，如果人们能正视这些苦难，以一种平和、积极的心态来对待这一切的困难，那么，这些困难就会磨炼自己的性情、性格、涵养，久而久之，就会磨炼出自己无上的美德。

困难可以磨炼一个人的能量,磨炼一个人的心性,磨炼出一个人的美德。尤其是在人年少时,当时血气方刚,如果这个时候经过困难的磨炼,那么这个人的能量才会圆融成熟,品性才会变得更美好。在人们的成长过程中,只有经过几番磨合,才会有所进步。

世间万物都要经过磨炼才能成就美好,造就成功。人在成功的过程中要能经得起磨炼,要能忍受得了外境的折磨,才能达到自己想要追求的目的。人只有经过磨炼、折磨,才能成为成功者,才能成就美德。

**易卜生说:"不因幸运而故步自封,不因厄运而一蹶不振。真正的强者,善于从顺境中找到阴影,从逆境中找到光亮,时时校准自己前进的目标。"**生活中,我们难免会遇到一些挫折,可是不管在任何时候,都不要因厄运降临而气馁,厄运不会时时伴随你,阴云之后,和煦的阳光很快就会照临你头上。

> 不如意的时候不要尽往悲伤里钻,想想有笑声的日子吧。
> 要克服生活的焦虑和沮丧,得先学会做自己的主人。
> 你不能左右天气,但你能转变你的心情。
> 孤单寂寞与被遗弃感是最可怕的贫穷。

# 学着让你的神经弦有弹性

## 不要把你的弦绷得太紧

一位国外著名的心理咨询师这样说道:"压力就像一根小提琴弦,没有压力,就不会产生音乐。但是如果弦绷得太紧,就会断掉。你需要将压力控制在适当的水平——使压力的程度能够与你的心智相协调。"

随着生活节奏加快、工作压力增加,人际关系日益复杂、家庭生活也充满越来越多的变数;情绪、心理疾患正日益困扰着现代人。在生活和工作的重压下,很多人常常控制不住自己的情绪,结果不仅影响自己的形象,还会给周围的人造成不好的影响。

40岁的阿利是一位IT高级经理,脾气好在单位里是出了名的。但最近这两个月部门的销售形势出现了"瓶颈",尽管辛辛苦苦每天在外面跑,可业绩榜上是"吃白板"。一天老板关起门,和颜悦色地给他上起了销售培训课,即便没有一句训斥的话,可他还是觉得心里不痛快。而平时十分细心的助理丽丽却在这时把一份报告接连打错了好几个字。一股无名之火立马蹿了上来,他拍着桌子把报告扔到了丽丽头上,小姑娘眼泪滴滴答答地往下流,他还是喋喋不休。后来他冷静下来,自己也觉得情绪失控,追根寻源,还是工作压力太大惹的祸。

无处不在的压力给现代人的情绪带来了恶劣的影响,你肯定也有亲身体会:是不是莫名其妙地发脾气、烦躁,看什么都不舒服;坐公交车、地铁,看旁边两个人有说有笑你就生气;别人不小心踩了一下你的脚,你就像找到发泄的渠道一样,与其大吵一架……其实,这些负面情绪无一不是压力带给你的。当压力越来越大,你的情绪越来越差时,结果只有两个,那就是:不在压力中爆发,就在压力中灭亡。当然,这两个结果我们最好是选择前者。情绪不好,发泄出来就可以缓解了。

姜玲是一家大型公关公司的客户总监,平均每天要工作10个小时以上,最不能忍受的是,常常要同时应对客户、同事、上司几方面的压力。"3个月前接一个项目,客户是一家外地民营公司,不了解这边的情况,提出很多无理的要求。这两个多月,我不断地打电话、发电子邮件,光是'空中飞人'就飞五六次,就是为把事情沟通好。"

"压力实在是太大了!"35岁的姜玲说。

这边的事情还未处理好,同事中又有临时"掉链子"的,作为项目负责人的姜玲终于崩溃了。"那天我回到家,一个人喝了半瓶红酒,突然觉得很累,也很委屈,就趴在枕头上大哭了一场,嗓子都哭哑了,然后就睡着了。""哭能让我的心情变好。"第二天清醒过来的姜玲意识到这一点。

在有些城市的部分白领中,有一种被称为"周末号哭族"的群体,而这种看似奇怪的方式正是他们舒缓压力的途径。

不良压力使人感到无助、灰心、失望,它还能引起身体和心理上的不良反应;良性压力能够给人以动力,使人愉快并能有效地帮助人们生活。既然无法逃避压力,就要学会正确对待压力。

及时排解不良情绪,把心中的不平、不满、不快、烦恼和愤恨及时地倾泻出去。记住,哪怕是一点小小的烦恼也不要放在心里。如果不把它发泄出来,它就会越积越多,乃至引起最后的总爆发。


## 情绪宣泄需要突破口

情绪的宣泄是平衡心理、保持和增进心理健康的重要方法。不良情绪来临时,我们不应一味控制与压抑,而应该用一种恰当的方式,给汹涌的情绪找一个适当的出口,让它从我们的身上流走。

在我们的生活中,可能会产生各种各样的情绪。情绪上的矛盾如果长期郁积心中,就会引起身心疾病。因而,我们要及时排解不良情绪。很多时候,只要把困扰我们的问题说出来,心情就会感到舒畅。我国古代,有许多人在他们遭到不幸时,常常赋诗抒发感情,这实际上也是使情绪得到正常宣泄的一种方式。

有人经过研究认为,在愤怒的情绪状态下,伴有血压升高的状况,这是正常的生理反应。如果怒气能适当地宣泄,紧张情绪就可以获得松弛,升高的血压也会降下来;如果怒气受到压抑,长期得不到发泄,那么紧张情绪得不到平定,血压也降不下来,持续过久,就有可能导致高血压。由此可见,情绪需要及时地宣泄。

尽管自控是控制情绪的最佳方式,但在实际生活中,始终以积极、乐观的心态去面对不顺心的外部刺激,是非常难做到的。所以,人们在控制情绪时常常综合应用忍耐和自控的方法,而且,为了顾忌全局,暂时忍耐的方法用得更多。所以,尽管在面对不愉快时会努力做到自控,但往往并非能做到真正的洒脱,还需要检验个人的忍耐力。然而,每个人的忍耐力都是有极限的,当情绪上的烦躁、内心的痛苦达到一定程度,最终会非理性地爆发出来。所以,在实际生活中,不能一味地压抑情绪,要懂得适当地宣泄,为自己的负面情绪找一个"出口",将内心的痛苦有意识地释放出来,以避免不可控地爆发。

有天晚上,汉斯教授正准备睡觉。突然电话铃响了,汉斯教授接起了电话。他一听才知道电话是一个陌生妇女打来的,对方的第一句话就是:"我恨透他了!""他是谁?"汉斯教授感到莫名其妙。"他是我的丈夫!"汉斯教授想,哦,打错电话了,就礼貌地告诉她:"对不起,您打错了。"可是,这个妇女好像没听见,如竹桶倒豆子一般说个不停:"我一天到晚照顾两个小孩,他还以为我在家里享福! 有时候我想出去散散心,他也不让,可他自己天天晚上出去,说是有应酬,谁知道他干吗去了!"

尽管汉斯教授一再打断她的话,说不认识她,但她还是坚持把话说完了。最后,她喘了一口气,对汉斯教授说:"对不起,我知道您不认识我,但是这些话在我心里憋了太长时间了,再不说出来我就要崩溃了。谢谢您能听我说这么多话。"原来汉斯教授充当了一个听筒。但是他转念一想,如果能挽救一个濒临精神崩溃的人,也算是做了一件好事。

这位陌生的妇女之所以选择了汉斯教授作为自己情绪的出口,就是因为彼此不认识,这名妇女能轻松地将自己的情绪倾倒出来,而不会引起恶性循环。

所以,我们要找到合适的宣泄情绪的管道,当有怒气的时候,不要把怒气压在心里,对于情绪的宣泄,可采用如下几种方法:

**1.直接对刺激源发怒**

如果发怒有利于澄清问题,具有积极性、有益性和合理性,就要当怒则怒。这不但可以释放自己的情绪,而且是一个人坚持原则、提倡正义的集中体现。

**2.借助他物发泄**

把心中的悲痛、忧伤、郁闷、遗憾借助他物痛快淋漓地发泄出来,这不但能够充分地释放情绪,而且可以避免误解和冲突。

**3.学会倾诉**

当遇到不愉快的事时,不要自己生闷气,把不良心境压抑在内心,而应当学会倾诉。

**4.高歌释放压力**

音乐对治疗心理疾病具有特殊的作用,而音乐疗法主要是通过听不同的乐曲把人们从不同的不良情绪中解脱出来。除了听以外,自己唱也能起同样的作用。尤其高声歌唱,是排除紧张、舒缓情绪的有效手段。

**5.以静制动**

当人的心情不好,产生不良情绪体验时,内心都十分激动、烦躁,为此坐立不安,此时,可默默地侍花弄草,观赏鸟语花香,或挥毫作画,垂钓河边。这种行为是一种以静制动的独特的宣泄方式,它是以清静雅致的态度平息心头怒气,从而排除沉重的压抑。

**6.哭泣**

哭泣可以释放人心中的压力。往往当一个人哭过之后,发现心情会舒畅很多。

　　当然，宣泄也应采取适当的方式，一些诸如借助他人出气、将工作中的不顺心带回家中、让自己的不得意牵连朋友等做法都不可取，于己于人都不利。与其把满腔怒火闷在心中，伤了自己，不如找个合适的出口，让自己更快乐一些。

 心灵悄悄话 ✳

　　你可以用爱得到全世界，你也可以用恨失去全世界。

　　人的价值，在遭受诱惑的一瞬间被决定。

　　年轻是我们唯一拥有权利去编织梦想的时光。

# 情绪上的马太定律

## 不要刻意压制情绪

马太定律指的是好的越好,坏的越坏,多的越多,少的越少的一种现象。最初,它被人们用来解释一种社会现象,例如,社会总是对已经成名的人给予越来越多的荣誉,而那些还没有出名的人,即使他们已经做出了不少贡献,也往往无人问津。

其实,这一定律同样适用于人的情绪。也就是说,那些快乐的人,会越来越快乐;相对应的,那些压抑的人,总是感到越来越压抑。我们经常会看到这样一些人,他们总是抱怨自己人生的不如意,并由此产生了一系列的压抑情绪的心理问题。

心理学研究表明,情绪需要的是疏导而不是压抑,要勇敢地表达自己的情绪,而非拼命地压制。当你大胆地表达出你的真实情感时,目标将有可能实现,否则将事与愿违。

白雪是一个很美丽的女子。因为爱,她一直都在迁就她的老公。从大学恋爱到结婚,一直如此。而他,则有着别人不能反抗、永远是他对你错的嚣张气焰。他不喜欢她工作,她就得放弃工作在家带孩子。他不喜欢她的朋友,她就乖乖地一个朋友都不见,渐渐失去了一切朋友。每当他心情不好时,她都对他百般迁就与迎合,希望老公在自己的关爱与包容下,情绪会有所改善。可是,日子一天天过去,他的脾气非但没有改善,反而愈演愈烈。在她稍稍不听话的时候,得到的就是一顿狂风暴雨式的武力伺候。

她纵然有一千个想法，也从来不敢表达。她努力地迎合公公婆婆，得到的却永远是白眼多于黑眼的冷漠。她不敢对老公说让公公婆婆搬走另住，只好继续默默承受着除了丈夫之外的公公婆婆的冷暴力。

她从此很少说话，保持着令人崩溃的沉默，把一切放在心里。但却不曾料到，在这样的环境中，小时候非常活泼可爱的女儿居然也学会了迎合她的情绪。孩子在学校非常的自闭，没有朋友，常常一个人呆呆地不说话。这让白雪非常揪心。

9年的婚姻，9年的迎合，她从一个活泼快乐的公主变成了一个深度抑郁的女人，还影响到了孩子的成长。虽然跟双方的性格有关，但更是她一味迎合、纵容的结果。

白雪一味将自己的情绪压抑下来，其实对她的婚姻一点好处都没有。我们常说不敢表达自己真实想法的人是怯弱的，一个人如果连自己的所思所想都不敢让别人知道，别人又怎敢相信他。所以不要压抑自己的真实想法与情绪，当自己想表达某种情绪时，就要勇敢地表达出来。

那么该如何排解自己的压抑情绪，让想法顺利地表达出来呢？我们通常可以采取以下几种方法：

### 1. 鼓励自己，给自己勇气

缺乏信心是我们不敢表露真实情绪的一个原因。由于在乎对方的看法或情感，于是我们开始压抑自认为不利于双方关系的情绪。

这个时候，我们需要给自己勇气，告诉自己即使对方不认可也没有关系，心里也会觉得坦然，情绪也就会很自然地表露出来了。

### 2. 情绪表达要平缓

情绪即使再激烈，也可以选择一种相对轻缓的方式来表达。否则很容易遭到对方的情绪反抗，沟通也就不能再继续进行了。

我们要试着对别人说"我现在很生气……"，而不是用各种激烈的指责或行动来表达生气，情绪是可以"说出来"的。

### 3. 学会拒绝别人

在某些时候，如果你想拒绝别人，也要大胆地表达出来。但是拒绝是讲究技巧的。太直率的拒绝可能会影响双方的关系。在拒绝对方的时候，你要考虑到对方的心理感受，可以肯定而委婉地告诉他你没法答应，并表达你的歉意。

### 4. 学会赞美与肯定

赞美是一种有效的人际交往技巧，能在很短时间内拉近人与人之间的距离，消除戒备心理。每个人都渴望听到赞美和肯定的话，真诚的欣赏与赞扬，会使你的人际关系更加和谐，也便于你顺利表达自己的想法。

大自然水库的水位超过警戒线时，水库就必须做调节性泄洪，否则会危害到水库的安全。倘若此时不但没有泄洪，反而又不断进水时，水库就会崩溃。人的情绪也是一样，当需要表达的时候，请先勇敢地迈出沟通的第一步。

# 从纸片上得到欣慰

释放负面情绪的方式很多，"把负面情绪写在纸上"是非常流行的一种排解负面情绪的方法。这种方法简单且随意，在动笔将负面情绪写在纸上的过程中，自己的情绪得到表达和排解，内心也会有一种欣慰和解脱之感。

其实，生活中的每个人都需要倾诉内心的喜怒哀乐，把负面情绪写出来是缓解压抑情绪的重要方法。它的做法非常简单：将那些自己无法解决的困难或烦恼逐条写在纸上，将无形的压力化作"有形"。这样，原本紧张的情绪便可得到舒缓，思路会变得清晰，自己也能更冷静地解决问题。

瞿先生在一家公司供职约十余年，近些天因为升职的事情，心里非常郁闷。身边和自己同时进公司的同事乃至比自己晚进公司的同事都得到升迁，唯独自己升迁的机会非常渺茫。

面对这种情况，瞿先生在很长的一段时间里情绪非常低落。他说："我非常恼火，而且这种感觉还一直在扩张，以至于我觉得非离开这家公司不可。但在写辞职信之前，我随手拿了一支红水笔，将我对公司领导层的意见都写在纸上，写着写着，我的心境就开朗起来，好像负面情绪悄悄离开了一样。写完之后，我就把这些纸张收起来，并和老朋友说了这件事。"

朋友建议瞿先生用另一种颜色的笔，将每一位领导的才能和优点写出来,然后又让他把自己想晋升的职位、需要具备的素质甚至未来的规划等都一一写在纸上。两种颜色的纸张一对比,瞿先生的愤怒便马上消减。他又充满了激情,明白了自己怎样努力才能实现目标。

自此,瞿先生就找到了一种发泄情绪的好办法。他总是随身带着纸笔,每当自己有什么想法的时候,就习惯性地先将想法写在纸上。"这是一种很好又很安全的控制情绪的方法,每当我写完之后,就感到一身清爽,时间长了,我控制和调节情绪的能力也越来越强。"他这样说道。

当情绪需要发泄时,不妨像瞿先生那样,养成将情绪写在纸上的习惯。作家罗兰在《罗兰小语》中写道:**"情绪的波动对有些人可以发挥积极的作用。那是由于他们会在适当的时候发泄,也在适当的时候控制,不使它泛滥而淹没了别人,也不任它淤塞而使自己崩溃。"**情绪宣泄的方法有很多种。如倾诉、哭泣、高喊等。适度的宣泄可以把不快的情绪释放出来,使波动情绪趋于平和。当你心中有烦恼和忧虑时,可以向老师、同学、父母兄妹诉说,也可用写日记的方式进行倾诉。

生活中,我们不可避免地会遇到烦恼和不顺心的事,关键在于,遇到这些事后我们选择如何对待。将情绪埋在心里,长久压抑不是一种可行的方法。要学会笔头倾诉。这种方法可以在不影响他人的情况下,在笔端自由地进行自我倾诉。动笔将你在情绪上遇到的问题写下来,情绪在不知不觉中即可得到排解,还有助于理清思路。

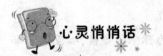 心灵悄悄话

> 弃我去者,昨日之日不可留;乱我心者,今日之日多烦忧。无论是时光,还是往事,或是容颜,都如昨日之日一般弃我而去,任我多么留恋,它们却毫无回头之意。而今日之日又有诸多烦忧纷纷扰扰,挥之不去。人生就是有这样的错觉:逝去的总是美好的,拥有的总是有缺憾的,于是,在眺望昨日的背影时,眼里只有烦恼的身影来来回回。

# 第四篇

## 正能量让你笑对人生路

我们常说：念由心生。往往你认为自己是什么样的人，就将成为什么样的人。烦恼与欢喜，成功和失败，良善与邪恶，仅系于一念之间，而这一念即是心态。我们生活在这个大千世界中，受影响的因素有很多，因而心态也决定于很多方面。

每一个人成功的能量源自于对梦想、价值观和痛苦的凝聚。我们要学着对自己有信心，鼓励自己冲破重重阻碍，体现自身的价值。这一过程中的种种经历，会刺激我们心态的张力，而这种张力往往能够爆发巨大的能量。

# 好心态的力量

## 你是狮子还是羚羊

社会在进步,知识也在以飞快的速度更新换代,我们所生存的环境,就像一个庞大的竞技场,输赢全在我们自己。特别是在竞争激烈的现代职场中,作为个人,你要么是卓越的狮子,要么是平庸的羚羊,成为狮子或者羚羊完全取决于你的心态。

有一家成衣销售公司接到一个大订单。由于这笔订单对皮毛货品的需求量很大,老板担心皮毛供货商那里货品不足,就打算派人过去了解一下。正好公司新来了三个员工,老板想不如趁这个机会,考验一下他们,于是他吩咐三个员工去做同一件事:去供货商那里调查一下商品的数量、价格和品质。

第一个员工10分钟后就回来了,他并没有亲自去调查,而是向别人打听了一下供货商的情况就回来汇报。半小时后,第二个员工回来汇报。他亲自到供货商那里了解皮毛的数量、价格和品质。第三个员工90分钟后才回来汇报,原来他不但亲自到供货商那里了解了皮毛的数量、价格和品质,而且根据公司的采购需求,将供货商那里最有价值的商品做了详细记录,并且和供货商的销售经理取得了联系。在返回途中,他还去了另外两家供货商那里了解皮毛的商业信息,将三家供货商的情况做了详细的比较,制订出了最佳进货方案。

面对同样的一件事情，三个人所持有的心态却截然不同。第一个员工只是在敷衍了事，草率应付；第二个充其量只能算是被动听命；真正尽职尽责地行事的只有第三个人。想一想，如果你是老板，你会赏识哪一个？如果要加薪、提升，作为老板，你愿意把机会给谁呢？答案是显而易见的。

根据故事中三个人的表现，我们不妨做一下分析：机会永远都是公平的，它曾到过我们每个人身边，但是否能抓住，就取决于个人的心态。老板给三个人的机会是相同的，只是能意识到的，却是少数。所以，第一个员工注定要成为失败者，第二个员工只能成为一个平庸的人，而第三个员工则会超越平凡，成为卓越的成功者。

在这个世界上，成功的卓越者少，失败者平庸者多。成功的卓越者活得充实、自在、潇洒。失败者平庸者过得空虚、艰难、猥琐。造成这种现状的原因是什么呢？仔细观察、比较一下成功者与失败者，我们就会发现，是"心态"导致了他们的不同人生。这是我们最值得深思的地方。然而，在工作中许多人并不理解这一点：他们对自己的老板牢骚满腹，对自己的工作懒散拖沓，对公司的前景悲观失望；而老板则时刻担心员工消极怠工，对公司产生不满情绪，动辄拍屁股走人。兢兢业业立足于自己的本职工作，心无旁骛地发挥自己潜力的员工少之又少；能专心致志于公司的发展前景，不为担心员工跳槽而费神的老板更是难得一见。

我们常常看到这样一番情形：员工们工作起来十二分不情愿，而做老板的则整天为这类事情心烦意乱。员工想尽办法逃避责任，得过且过，对自己的工作敷衍了事，老板则要为改变这种糟糕的状况而绞尽脑汁。这样发展下去的结果是，员工和老板都把大部分原本应该花在工作上的时间和精力消耗在如何打赢这场内部战争上。这样只可能导致两败俱伤。这样的企业还谈何发展？这样的员工怎么会有前途？

林欣在一家中型企业的做文秘，她的口头禅是："那么拼命干什么？大家不是都能拿到薪水吗？"所以，林欣从来都是按时上下班，按部就班；职责之外的事情一概不理，不求有功，但求无过。

就算遇到挫折，林欣也很少在意，她最擅长的就是自我安慰："反正晋升是少数人的事，大多数人还不是像我一样原地踏步，这样有什么不好？"

马宁是林欣的同事，只是普通的销售员。他的职业技能不是一流的，然而在公司里，人们经常可以看到马宁忙碌的身影。他总是热情地和同事们打招呼，一天到晚都是神采奕奕的，对于工作，他也是积极乐观，只要是领导安排的，他一定会力争第一。即使是在项目受到挫折的情况下，他也总是积极地寻求解决问题的办法，而不是打退堂鼓。

因此，同事们都喜欢和他接触。

一年后，林欣仍然做着她的文秘工作，上司对她的评价始终不好不坏。一年一度的大学生应聘热潮又开始了，上司开始关注起相关的简历来，也许，新鲜的血液很快就会补充进来，林欣这时深感自己的处境似乎有些不妙。而马宁却已经从销售员的办公区搬走，这一年，他被提升为销售经理，新的挑战才刚刚开始。

由此可见，无论你正在从事什么样的工作，要想获得成功，就要改变自己的心态。如果你也像林欣那样，总甘于庸庸碌碌地工作，从不为改进工作做任何努力，那么，即使你正从事最不平凡的工作，你也不会有所成就。

纽约中央铁路公司前总裁佛里德利·威尔森被问及如何对待工作和事业时说："一个人，不论在挖土，或者是经营大公司，他都认为自己的工作是一项神圣的使命。不论工作条件有多么困难，或需要多么艰苦的训练，始终用积极负责的态度去进行。只要抱着这种态度，任何人都会成功，也一定能达到目的，实现目标。"

那么，你想要什么样的人生呢？是卓越的品质生活，还是一事无成呢？虽然结果并不一定能尽如人意，但如果你能选择以积极的心态来对待工作、生活，你就一定能够为自己创造出更多的机会。否则，遗憾的不只是你的老板，还有你自己，你会时常懊恼为何当初没有全力以赴。

## 保持良好的心态才能获得幸福

人的心态对于一个人的生活是幸福还是不幸，是快乐还是忧伤，是成功还是失败具有很重要的作用。从某种意义上说，良好的心态对于一个人具有决定性的作用。不管我们做什么，首先我们应该学会保持这种良好的心态,这样我们才可能获得幸福。

一个人的幸福感和成就感取决于他的生存状态,而其生存状态的好坏又与其心态息息相关。大而言之,心态是人对人生的体验、对命运的感悟、对自我的定位;具体来说,心态是人面对困难时的意志,是对情绪的调控,是对现实与梦想的平衡。

因此我们说,幸福是自己给的。只要你能保持一种好心态,幸福就不会太远。

哈佛大学心理学专业的学生吉姆给自己找了一份兼职——照顾独居的威尔森太太,并帮她做一些家务。吉姆为人热忱,做事认真负责,深得老太太的信赖。

一天晚上,老太太敲响了吉姆的门,有些抱歉地说道:"吉姆,很抱歉这么晚来打扰你。我的安眠药吃完了,怎么也睡不着觉,不知道你身边有没有?"

吉姆睡眠一直很好,从来就不吃安眠药,可是他一看到老太太十分疲惫的脸庞,心里十分不忍。这个时候,他突然灵机一动,就对老太太说:"上星期我朋友从法国回来。刚好送我一盒新出的特效安眠药,不过我忘记放在哪里了。这样好了,您先回去,我找到就马上给您送过去。"

老太太走后,吉姆找出一粒维生素片,然后送到了威尔森太太的房间,告诉她:"这就是那种新出的特效药,您吃了之后一定能睡个好觉。"

老太太接过药片,再三谢过吉姆后,就高兴地服下了那粒"特效安眠药"。

到了第二天吃早餐的时候,老太天兴奋地对吉姆说:"你的安眠药效果好极了,我昨晚吃完很快就睡着了,而且睡得很好,好久都没有这么舒服地睡觉了。那个安眠药你能不能再给我一些?"

吉姆只好继续让老太太服用维生素片,直到服完一整盒。事情过去一年多之后,老太太还时常念叨吉姆给她的"特效安眠药"。

吉姆用一粒维生素片就让老太太进入了梦乡,这其实就是心理暗示的作用。由于老太太平时对吉姆十分信赖,因此丝毫没有怀疑吉姆给她的"特效安眠药",在强烈的心理暗示的影响下,老太太真就相信了"特效安眠药"

的神奇效用。

　　心理学家马尔兹说："我们的神经系统是很'蠢'的，你用肉眼看到一件喜悦的事，它会做出喜悦的反应；看到忧愁的事，它会做出忧愁的反应。"研究发现，积极的自我暗示能调动人的巨大。潜能，使人变得自信、乐观。当你习惯地去想象快乐的事，你的神经系统便会习惯地令你处在一个快乐的心态。当你习惯地暗示自己很幸福，你的神经系统便会习惯地让你拥有幸福的感觉。所以，我们要对自己进行积极的自我暗示，给自己输入积极的语言，比如，"我的生活正在一天天地变得更美好""我的心情愉快""真的，我过得幸福极了"等。

　　因此，早晚睡前醒后的时间进行自我暗示是再恰当不过了。你可以躺在床上，每次花上几分钟，身体放松，进行以下自我心理暗示——描述自己的天赋和能力；想象你成功的景象；用简短的语言给自己积极有力的暗示。

　　美国心理学家威廉斯说："无论什么见解、计划、目的，只要以强烈的信念和期待进行多次反复地思考，那它必然会置于潜意识中，成为积极行动的源泉。"心态也是如此。只要我们相信我们的积极心态是有神奇力量的，是能够帮助我们获取幸福生活的，我们就一定可以依附着这种坚定的信念，找到我们想要的幸福生活。

心灵悄悄话

　　别管往事有多美好，别问曾经有多辉煌，别说过去有多美貌，人生的岁月只会如东流水一样匆匆流逝，若想挽留，只能挽留住烦恼，别的什么也留不下。

# 热量是由内而外散发的

爱是人生存的根本,也是人的本能。无论是施爱还是被爱的人,他们都是幸福而快乐的,他们的情操也会是坦诚而又高尚的。

一个人内心的热量,便是经由爱产生的。一个内心充满爱的人,会懂得去播撒爱,因为他知道,只有播下种子,从才会得到果实。爱是相互的。这个世界正因为有了爱,才会变得温暖美好。

一个在边远山村支教的女教师接受记者采访。当记者问到让她在贫穷的山村坚持下去的动力是什么时,女教师平静地回答道:"是我的父亲。"她觉得,正因为是受到父亲身体力行的影响,她才会义无反顾地走上支教这条路。最后,这位女教师饱含深情地讲述了他父亲的故事。

我出生在一个山村。父亲在家乡是一名颇有威望的乡村医生,虽谈不上妙手回春,可在那穷乡僻壤的地方来说,算是很不错的了。在我很小的时候,母亲就去世了,所以,我经常会跟着父亲穿街走巷地看望患病的乡里。

那时候,我很崇拜我的父亲,我崇拜的不是父亲精湛的医术,而是他高尚的医德。父亲每每看病,无论对方贫与富、尊与卑,他都会一视同仁,尤其是对那些穷苦人家,父亲每次看完病,绝不提钱的事,而是等对方主动送上门来,有时一等就是好几年,父亲也从没讨要过。如果遇到孤寡老人生病,父亲通常都是免费给他们治疗,而且他还会感觉这是一件很快乐的事情。

我起初并不是很理解父亲的做法,感觉他真的很傻,因为我们本身就不是富裕的家庭。但慢慢地,我理解了父亲,其实父亲在帮助乡里乡亲的同时,也收获了用金钱无法衡量的东西:尊敬与爱戴。每到逢年过节,我们家会来好多的客人;田里的活会有乡邻帮着做;我童年可以吃"百家饭"……我知道,这一切都是因为父亲的缘故。

现在,我的父亲已经不在了,但我能时常感觉到父亲在看着我,看着我做的一切。我相信,我现在的选择是令他骄傲的。

女教师讲的这个故事,令许多人为之动容。

**爱,可以让一个人的内心无比富足。**

某晚报曾登过一则关于"大学生洪战辉带着捡来的妹妹求学 12 年"的感人报道,这则报道一经刊出,立即引来社会各界的关注。

洪战辉不是富有的人,相反,他的家境贫寒,他要自己挣学费,还要孝敬父母,还要刻苦读书。他贫穷到没有多余的能力来帮助别人,但是他 12 年如一日的照顾年幼的妹妹,而这个妹妹竟是他捡来的。

洪战辉的事迹对大多数人来说是激励。我们不禁要问:是什么让洪战辉变得这样强大,强大到足以为他人撑起一片天空? 答案就是他内心有爱,他内心充满了热量,一个人只有内心充满热量,他才能够释放热量。可我们有太多的人却止步在"心有余而力不足"的消极心态中。

现代社会提倡和谐,我们讲和谐,不仅要力求人与人和谐,人与社会和谐,人与自然和谐,还要注重人的内心和谐。人的内心和谐是和谐社会的一个高的境界。热量来源于光。要想让我们的内心充满热量,我们就要有和谐的内心和阳光的心态,也就是营造知足、感恩、达观的心理,树立喜悦、乐观、向上的人生态度,通过个人内心和谐来促进家庭和谐、生活和谐和社会和谐。

我们现在有一些人常常会有这样的困惑:就是自己的财富在增加,但是幸福感在减少;拥有的越来越多,但是快乐越来越少;沟通的工具越来越多,但是深入的交流越来越少;认识的人越来越多,但是真诚的朋友越来越少;房子越来越大,里面的人越来越少;精美的房子越来越多,完整的家庭越来越少;路越来越宽,心越来越窄……对此,我们不禁要问:究竟哪里出了问题呢? 心态出了问题。我们有了好心情才能欣赏好风光;有了好心态才能让大家建立积极的价值观,获得健康的人生,释放强劲的影响力。

**你的内心如果是一团火,就能释放出光和热。要想温暖别人,你内心要有热;要想照亮别人,请先照亮自己;要想照亮自己,首先要照亮自己的内心。送人温暖,在让他人的心暖起来的同时,自己内心也会更加温暖。**

一个被温暖充盈着的人,内心也会变得充实。这种充实,往往伴随着一种人生价值意义的追问,一种精神境界的自觉提升,最终变为一种快乐、幸福的感觉。因而,内心温暖的人,不会排斥物质财富的追求,收入多一点,日子过得好一点,皆是人之常情。但追求并不会到此停步,而是致力于为心灵搭建一座温暖的"大房子",获得精神上的富足。有的人"穷得只剩下钱",就在于只追求了身外的"大房子",心灵却无处归依。"善人通过行善获得幸福",正在于许多人通过奉献爱心感觉到,为他人送去温暖,自己会更幸福,内心更富足。

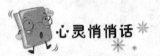 **心灵悄悄话**

不要总在过去的回忆里缠绵,不要总让昨天的阴雨淋湿今天的行装。昨天的太阳,晒不干今天的衣裳;昨天的辉煌,抵不过岁月的沧桑。面对诸多生活的风雨迷茫,人生还需正能量。

# 打破内心的限制才能走得远

## 攀登人生最高峰

在 1968 年的墨西哥奥运会上，美国选手吉·海因斯以 9.95 秒的成绩打破了男子百米赛跑的世界纪录。当时的摄像镜头记录，他在撞线后回头看了一眼记分牌，然后摊开双手说了一句话。这一情景后来通过电视网络，至少被好几亿人看到，但由于当时他身边没有话筒，海因斯到底说了句什么话，谁都不知道。

1984 年，洛杉矶奥运会前夕，一位叫戴维·帕尔的记者在办公室回放奥运会的资料片。当再次看到海因斯的镜头时，他想，这是历史上第一次有人在百米赛道上突破 10 秒大关。海因斯在看到纪录的那一瞬，一定替上帝给人类传达了一句不同凡响的话。这一新闻点，竟被 400 多名记者给漏掉了（在墨西哥奥运会上，到会记者 431 名），这实在是太遗憾了。于是他决定去采访海因斯，问他当时到底说了句什么话。

凭借做体育记者的优势，他很快找到了海因斯。但是提起 16 年前的事时，海因斯一头雾水，他甚至否认当时说过话。戴维·帕尔说："你确实说话了，有录像带为证。"海因斯打开帕尔带去的录像带，笑了，说："难道你没听见吗？我说，上帝啊！那扇门原来虚掩着。"谜底揭开后，戴维·帕尔接着对海因斯进行了采访。针对那句话，海因斯说："自欧文斯创造了 10.3 秒的成绩之后，医学界断言，人类的肌肉纤维所承载的运动极限不会超过每秒 10 米。看到自己 9.95 秒的纪录后，我惊呆了，原来 10 秒这个门不是紧锁着的，它虚掩着，就像终点那根横着的绳子。"

"上帝啊！那扇门原来虚掩着。"海因斯的这句话给世人留下了太大的震撼。它启迪我们认识到，在这个世界上，只要你真实地付出，就会发现许多门都是虚掩着的。

成功学大师拿破仑·希尔有一句名言："**一个人一生中唯一的限制就是他内心的那个限制。**"所谓的极限，人当它有，它才有。很多时候，困难和阻力被我们在心中放大了，好像一块拦路石横在我们通向成功的路上。其实，很多门都虚掩着，只要伸出手就能推开。一个人只要突破了自己内心的限制，就能够达到自己人生的最高峰。

人类在遇到绝境的时候，往往会发挥出平常发挥不出的能力。人没有退路，就会爆发出自己也想象不到的一种力量，这便是所谓的潜能。

因此，一个人要想让自己的人生有所转机，就必须懂得在关键时刻把自己带到人生的悬崖。给自己一个悬崖，其实就是给自己一片蔚蓝的天空。

一位音乐系的学生走进练习室，在钢琴上，摆着一份全新的乐谱。

"超高难度……"他翻着乐谱，喃喃自语，感觉自己对弹奏钢琴的信心似乎跌到谷底，消磨殆尽。已经3个月了！自从跟了这位新的指导教授之后，不知道为什么教授要以这种方式整人。勉强打起精神，他开始用自己的十指奋战、奋战、奋战……琴音盖住了教室外面教授走来的脚步声。

指导教授是个非常有名的音乐大师。授课的第一天，他给自己的新学生一份乐谱。"试试看吧！"他说。乐谱的难度颇高，学生弹得生涩僵滞、错误百出。"还不熟练，回去好好练习！"教授在下课时，如此叮嘱学生。

学生练习了一个星期，第二周上课时正准备让教授验收，没想到教授又给他一份难度更高的乐谱。"试试看吧！"上星期的课教授也没提。学生接受了更高难度的技技巧挑战。

第三周，更难的乐谱又出现了。同样的情形持续着，学生每次在课堂上都被一份新的乐谱所困扰，然后把它带回去练习，接着再回到课堂上，重新面临更高难度的乐谱，却怎么样都追不上进度，一点也没有因为上周练习而有驾轻就熟的感觉。学生感到越来越不安，越来越沮丧和气馁。

教授走进练习室。学生再也忍不住了。他必须向钢琴教授提出这3个月来何以不断折磨自己。

教授没开口,他抽出最早的那份乐谱,交给了学生。"弹奏吧!"他以坚定的目光望着学生。

不可思议的事情发生了,连学生自己都惊讶万分,他居然可以将这首曲子弹奏得如此美妙、如此精湛! 教授又让学生试了第二堂课的乐谱,学生依然呈现出超高水准的表现……演奏结束后,学生怔怔地望着教授,说不出话来。

"如果,我任由你表现最擅长的部分,可能你还在练习最早的那份乐谱,就不会有现在这样的程度……"钢琴大师缓缓地说。

**挑战自己,是对自身能量的一种激发。**人往往习惯于表现自己所熟悉、所擅长的部分。但如果你愿意回首就会恍然大悟:从前看似紧锣密鼓的工作挑战、永无休止的环境压力,却在不知不觉间练就了今日的高超技艺。其实,每个人体内都蕴藏着不为己知的能量,这需要我们用心开采之后,才能为己所用。

## 让自己的舞台大一点,再大一点

**人们常说的一句话:一个人的心有多大,属于他的舞台就有多大。**

一个人只要有勇气为自己制定梦想,那么,他就已经成功了一半。如果你只想做一只在金丝笼中安逸生活的金丝雀,就注定会失去整片天空。

摩根诞生于美国康涅狄格州哈特福的一个富商家庭。摩根家族1600年前后从英格兰迁往美洲大陆。最初,摩根的祖父约瑟夫·摩根开了一家小小的咖啡馆,积累了一定的资金后,又开了一家大旅馆,既炒股票,又参与保险业。可以说,约瑟夫·摩根是靠胆识发家的。

生活在传统的商人家族,经受着特殊的家庭氛围与商业熏陶,摩根年轻时便敢想敢做,颇具商业冒险和投机精神。1857年,摩根从哥延根大学毕业,进入邓肯商行工作。一次,他去古巴哈瓦那为商行采购鱼虾等海鲜归来,途经新奥尔良码头时,他下船在码头一带兜风,突然有一位陌生人从后

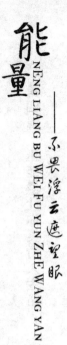

面拍了拍他的肩膀："先生，想买咖啡吗？我可以出半价。"

"半价？什么咖啡？"摩根疑惑地盯着陌生人。

陌生人马上自我介绍说："我是一艘巴西货船船长，为一位美国商人运来一船咖啡，可货到了，那位美国商人却已破产了。这船咖啡只好在此抛锚……先生，您如果买下，等于帮我一个大忙，我情愿半价出售。但有一条，必须现金交易。先生，我是看您像个生意人，才找您谈的。"

摩根跟着巴西船长一道看了看咖啡，成色还不错。想到价钱如此便宜，摩根便毫不犹豫地决定以邓肯商行的名义买下这船咖啡。然后，他兴致勃勃地给邓肯发出电报，可邓肯的回电是："不准擅用公司名义！立即撤销交易！"

摩根勃然大怒，不过他又觉得自己太冒险了，邓肯商行毕竟不是他摩根家的。自此摩根便产生了一种强烈的愿望，那就是开自己的公司，做自己想做的生意。

无奈之下，摩根只好求助于在伦敦的父亲。吉诺斯回电同意他用自己伦敦公司的户头偿还挪用邓肯商行的欠款。摩根大为振奋，索性放手大干一番，在巴西船长的引荐之下，他又买下了其他船上的咖啡。

摩根初出茅庐，做下如此一桩大买卖，不能说不是冒险。但上帝偏偏对他情有独钟，就在他买下这批咖啡不久，巴西出现了严寒天气，一下子使咖啡大为减产。这样，咖啡价格暴涨，摩根便顺风迎时地大赚了一笔。

从咖啡交易中，吉诺斯认识到自己的儿子是个人才，便出了大部分资金为儿子办起摩根商行，供他施展经商的才能。摩根商行设在华尔街纽约证券交易所对面的一幢建筑里，这个位置对摩根后来叱咤华尔街乃至左右世界风云起了不小的作用。

**生机和危机永远是并存着的，只有敢于冒险的人才必有所获。**

迎难而上就是一种勇气，害怕挑战的人只会像蜗牛一样，将自己深深地掩埋，再无出头的机会；害怕挑战的人惧怕失败，他们也许不明白挑战与机遇并存的道理。

事实上，机遇本身就蕴藏着风险。任何逆境里边都孕育着机遇，而且这种机遇的潜能和力量都是十分巨大的。为什么逆境也能够产生机遇呢？因为顺境和逆境在一定的条件下是可以转化的。环境本身是无情的，但也是公正的,它对所有人都一视同仁。环境虽然不以人的意志为转移,但是人对于环境却有主观能动性。每个人都可以努力去改变环境,到一定的时候,逆境也可能转化为顺境。摩根之所以能够取得这样大的成功,在于他有一颗敢于冒险的心,他期望更大的成功,为此,他愿意去冒险,去争取,所以,机遇给了他舞台,梦想也成就了他的舞台。

心灵悄悄话

　　生活里去接收阳光豁达的正能量,自信岁月一百年,会当水击三千里! 凡事都要注开心处想,假若真的伤了一条腿,要庆幸自己还活着,不死就是幸福! 生活中不是什么别人或灾祸打垮了你,能打垮你的只有你自己。

# 好心态成就好自我

## 创造自我超越的奇迹

大战时,汤姆森太太的丈夫到一个位于沙漠中心的陆军基地去驻防。为了能经常与他相聚,她搬到那附近去住。那实在是个可憎的地方,她简直没见过比那更糟糕的地方。她丈夫出外参加演习时,她就只好一个人待在那间小房子里。热得要命——仙人掌阴影下的温度都高达华氏125度,没有一个可以谈话的人。风沙很大,到处是沙子。

汤姆森太太觉得自己倒霉透了,觉得自己好可怜,于是她写信给她父母,告诉他们她放弃了,准备回家,她一分钟也不能再忍受了,她宁愿去坐牢也不想待在这个鬼地方。

她父亲的回信只有一句,这句话常常萦绕在她的心中,并改变了汤姆森太太的一生:有两个人从铁窗朝外望去,一个人看到的是满地的泥泞,另一个人却看到的却是满天的繁星。

她把父亲的这句话反复念了多遍,忽然间觉得自己很笨,于是她决定找出自己目前处境的有利之处。她开始和当地的居民交朋友。他们都非常热心。当汤姆森太太对他们的编织和陶艺表现出极大的兴趣时,他们会把拒绝卖给游客的心爱之物送给她。

她开始研究各式各样的仙人掌及当地植物,试着认识土拨鼠,观赏沙漠的黄昏,寻找300万年以前的贝壳化石。是什么给汤姆森太太带来了如此惊人的变化呢?沙漠没有改变,改变的只是她自己。因为她的态度改变了,正是这种改变使她有了一段精彩的人生经历,她发现的新天地令她既兴奋又刺激。于是她开始着手写一本小说，讲述她是怎样逃出自筑的牢狱，找到美丽的星辰的。

伟大的心理学家阿德勒究其一生都在研究人类及其潜能，他曾经宣称他发现了人类最不可思议的一种特性——"人具有一种反败为胜的力量"。

一个人具有什么样的心态，他就可以成为一个什么样的人，他就能够拥有一个什么样的人生。事情往往是这样，你相信会有什么结果，就可能会有什么结果。汤姆森太太的故事也恰好说明了这样一个朴素的道理：人可以通过改变自己的心境来改变自己的人生。对于身处逆境中的人来说更是如此。

**如果你不满意自己的现状，想改变它，那么首先应该改变的是你自己。如果你有了积极的心态，能够积极乐观地改善自己的环境和命运，那么你周围所有的问题都会迎刃而解。**

人在身处绝境时，总能发挥出令人惊奇的能力，创造出奇迹。因为面对生命的威胁，生存的本能与需要促使他的内心产生一种强烈的愿望，就是动机，在这种心理驱动下，他才会创造出自我超越的奇迹。

## 积极的暗示有着不可思议的力量

1960 年，哈佛大学的罗森塔尔博士曾在加州一所学校做过一个著名的实验。

新学期，校长对两位教师说："根据过去三四年来的教学表现，你们是本校最好的教师。为了奖励你们，今年学校特地挑选了一些最聪明的学生给你们教。记住，这些学生的智商比同龄的孩子都要高。"校长再三叮咛：要像平常一样教他们，不要让孩子或家长知道他们是被特意挑选出来的。

这两位教师非常高兴，更加努力教学了。

我们来看一下结果：一年之后，这两个班级的学生成绩是全校中最优秀的。知道结果后，校长如实地告诉这两位教师真相：他们所教的这些学生智商并不比别的学生高。这两位教师哪里会料到事情是这样的，只得庆幸是自己教得好了。

随后，校长又告诉他们另一个真相：他们两个也不是本校最好的教师，而是在教师中随机抽出来的。

这两位教师相信自己是全校最好的老师，相信他们的学生是全校最好的学生，这种积极的心理暗示，才使教师和学生都产生了一种努力改变自我、完善自我的进步动力。这种企盼将美好的愿望变成现实的心理，这就是心理暗示的作用。

心理暗示是我们日常生活中最常见的心理现象。它是人或环境以非常自然的方式向个体发出信息，个体无意中接受这种信息，从而做出相应的反应的一种心理现象。暗示有着不可抗拒和不可思议的巨大力量。

成功心理、积极心态的核心就是自信主动意识，或者称作积极的自我意识，而自信意识的来源和成果就是经常在心理上进行积极的自我暗示。反之也一样。消极心态、自卑意识，就是经常在心理上暗示，而不同的心理暗示也是形成不同的意识与心态的根源。所以说心态决定命运，正是以心理暗示决定行为这个事实为依据的。

心理暗示这个法宝有积极的一面和消极的一面，不同的心理暗示必然会有不同的选择与行为，而不同的选择与行为必然会有不同的结果。有人曾说："一切的成就，一切的财富，都始于一个意念。"你习惯于在心理上进行什么样的自我暗示，就是你贫与富、成与败的根本原因。两种截然不同的心理上的自我暗示，关键就在于你选择哪一面，经常使用哪一面了。

每个人都应该给自己以积极的心理暗示。任何时候，都别忘记对自己说一声："我天生就是奇迹。"本着上天所赐予我们的最伟大的馈赠，积极暗示自己，你便开始了成功的旅程。拿破仑·希尔给我们提供了一个自我暗示公式，他提醒渴望成功的人们，要不断地对自己说："在每一天，在我的生命里面，我都有进步。"暗示是在无对抗的情况下，通过议论、行动、表情、服饰或环境气氛，对人的心理和行为产生影响，使其接受有暗示作用的观点、意见或按暗示的方向去行动。

**积极的自我暗示，能让我们开始用一些更积极的思想和概念来替代我们过去陈旧的、否定性的思维模式，这是一种强有力的技巧，一种能在短时间内改变我们对生活的态度和期望的技巧。**

也就是说,我们可以通过有意识的自我暗示,将有益于成功的积极思想和感觉,撒到潜意识的土壤里,并在成功过程中减少因考虑不周和疏忽大意等招致的破坏性后果,全力拼搏,不达目的不罢休。所以,你通过想象不断地进行积极的自我暗示,很可能会成为一个杰出者。

心灵悄悄话 ✳

　　无论经历怎样坎坷的生活,内心始终保持对生活的热爱,始终用一颗温暖的心去面对人生。积极、乐观、豁达、从容、朴素、简单、宽容、善良……这些都是生命的正能量。我们来到人世间,只是去品尝一场场生活的酸甜苦辣咸,绝对不是去践行埋怨、仇恨、无知、贪恋、傲慢、冷漠等种种人生的负面情绪。这些可以说与那些正能量相对应的生命的负能量,它们能消耗我们的精力,占据我们的快乐,侵蚀我们的生命。

# 种瓜得瓜 种豆得豆

## 人生成功在主动

决定我们命运的不是环境,而是心态。无论身处什么样的环境,一旦养成了消极被动的工作态度和习惯,人就很容易不思进取、目光狭隘,慢慢地丧失活力与创造力,忘记了自己当初信誓旦旦的人生信条与职业规划,最终走向好逸恶劳、一事无成的深渊。而最可怕的是生活态度的消极,工作上的消极、失败与无望,这些必然会对人产生非常可怕的负面影响。想想看,一个人消极地面对世界,满眼的灰色,为周围的朋友、同事所不屑,该是多么的可悲!

环境怎样是好?怎样是坏?标准并不在环境本身,而在于人如何自处:置身其间,不迷失自己,保持积极主动的精神,这样的环境再"坏"也是好环境,反之,再"好"的环境也是坏环境。环境对人确实有一定的影响,而最关键的还是人自身,归根结底,顺境或逆境都不能成为消极被动的借口。

1940 年 10 月,贝利生于巴西古拉斯州的一个小镇。

在巴西,男孩子要做的第一件事就是踢球。贝利很小的时候便和小伙伴们玩起了足球。贝利与其伙伴们都是贫穷人家的孩子,他们买不起足球。但困难没有阻挡他们踢球的爱好,于是他们就自己做了一个:找一只最大的袜子,在里面塞满破布和旧报纸,然后把它尽量按成球形,最后将补袜口用绳子扎紧。他们的球越踢越精,球里面塞的东西也越来越多,越来越重。一个男子汉夏天不穿袜子照样可以走路,可是到了冬天,贝利他们仍然没有袜子穿。他们只是这样想:有了东西当球踢,这是多么快乐的事啊!

7岁那年,贝利的姑姑送给他一双半新的皮鞋。他把这双鞋当成了宝贝,只有星期日上教堂才舍得穿,穿上它他感到很神气。他永远不会忘记这双鞋,因为有一天他穿了它踢球,结果鞋子被踢坏了,为这还挨了妈妈的罚。他本来只是想知道穿着鞋踢球是什么滋味。

也就是从那时起,贝利经常去体育场,一边看球,一边替观众擦鞋。球赛结束后爸爸来接他时,他已经赚了不少钱!他们手拉手地回家,非常高兴:父子俩都是有收入的人了!

贝利8岁时进入包鲁市的一所学校学习。他仍然光着脚踢球,不管严冬还是酷暑。他的球技在这日复一日地磨炼中已经让许多大人刮目相看了。

从球王贝利的成长故事中,我们可以得出这样一个道理:决定我们命运的不是外在的环境、条件,而是我们自身奋斗的程度。只有不被环境摆布,掌控人生主动权的人,才配拥有胜利的光环。环境如何并不能成为消极被动的借口。一味把责任推给环境,一个人一旦养成了这种消极的习惯,那么处于顺境或遇到成功时就容易自我满足、停滞不前;处于逆境或遇到困难时就容易轻言放弃、怨天尤人,极难成功。

**卡耐基曾经说过:"我的成功原则就是主动。在任何行业里,能达到自己主要人生目标的每一个人,都必须运用这项原则。它之所以十分重要,是因为没有一个人的成功,能够不借助于它的力量。你可以称之为'主动'的原则。研究一下任何一位被视为确实有所成就的人,你会发现,他都有一个明确的主要目标,也有一个完善的计划以达到他的目标,他的大部分心思和努力,都投注在如何主动去达到这一目标上。"**

多数人之所以把自己的生活弄得一团糟,没能获得成功,至少有部分原因是因为他们不能够正确地看待自己,他们对自己往往抱有一种消极悲观的态度。

有些人虽然有目标和理想,而且努力工作,但是最终仍然失败了;有些人希望做些有创造性的事,偏偏无所表现,为什么?问题或许就出在他自己的内心。记住:"人是他自己最可恶的敌人"。

每个人的内心都有一个属于自己的小宇宙。当我们有了某种决心,并且相信它会变为事实时,我们小宇宙里的所有力量就会动起来,进而把自己的决心推向实现的方向。在不经意的某一天,你会发现,自己的梦想真的成为现实了。回头看一看,这些都是当初你自己的选择,重要的是那种认为自己行的念头一直在支撑着你,正是它改变并影响着你的行为。你将自己潜藏的能力表现出来,就像将深深沉睡在地下的矿藏挖掘出来一样,它本是属于你的,关键在于你是否知道自己有,是否相信自己才是自己命运的决定者。

## 积极是青春永驻的秘密

每个人都希望自己永远年轻,因而在祝福别人的时候,我们常常会说:青春永驻,永远年轻。但一个人的生命从年轻到衰老,是无法抗拒的自然规律。为了能延缓衰老,让自己多拥有一些年轻时光,一些人追寻各种养生秘方,保健品、保健器械、化妆品、医疗美容……过分关注外在的同时,却忽略了保持青春的另一个重要方面:保持一颗年轻的心。

对于一个积极生活、热爱生命的人来说,年龄只是一个数字。你若认为自己衰老,你就会变得老气横秋;你若认为自己年轻,你就会变得生机勃勃。岁月只能在人的皮肤上留下皱纹,失去对生活的热情才能使人的心灵起皱。人的一生必然从青年走向老年,只要珍惜和把握,无论在哪一个年龄段,都可以创造人生美景。

美国前总统克林顿在白宫办公桌的玻璃板底下压着一张便条,上书:**"年轻,只是一种心态。"**克林顿正是以此来不断鞭策自己,始终以饱满的精神状态投入工作。

麦克阿瑟是美国历史上卓有成就的一名五星上将,同时也是获得功勋最多的军人之一。他投身军旅52载,身经两次世界大战,时时刻刻都以"责任、荣誉、国家"为念。他的名言"老兵不死,只有逐渐凋零",在人们心中留下了深远的回响。

麦克阿瑟一生都十分自信,满怀希望,积极而不疑虑。他晚年时,发表了一篇关于年轻的文章:"年龄使皮肤和灵魂起皱纹,并使你放弃兴趣、爱好,你有信仰就年轻,你若疑虑就年老;你有自信就年轻,你若恐惧就年老;

你有希望就年轻,你若绝望就年老。在心底深处藏有一间记录室,如果永远收到美丽、希望、愉快和勇气的讯号,你就永远年轻;当你的心房被悲观和怯懦主义所掩蔽,你就只有渐渐变老,渐渐凋零了。"

无独有偶,塞缪尔·尤尔曼,一个大器晚成、70多岁才开始写作的作家,在作品《年轻》中这样写道:"年轻,不是人生旅程中的一段时光,也不是红颜、朱唇和轻快的脚步,它是心灵中的一种状态,是头脑中的一个意念,是理性思维中的创造潜力,是情感活动中的一股勃勃生机,是使人生春意盎然的源泉。"

年轻,意味着放弃固执的温室和停滞的享受而去开创生活,意味着具有超越羞涩、怯懦的胆识和勇气。这样的人永远不会服老,即使到了60岁,其积极性也不逊于20岁的年轻人。没有人是仅仅因为时光的流逝而衰老的,只有放弃了自己的理想、消极面对世事的人,才会变为真正的老人。

欧阳自工作后,一直在镇上教书。因为离农村老家不远,每隔一段时间他便要回家看望父母。走到村上,经常会碰到范大爷正专心致志地在他的那块蔬菜地里忙碌着。他70好几的人,耳不聋,眼不花,筋骨好得很,将那菜园管理得很好。他还经常将菜挑到附近的小集镇上去卖,换些零花钱。因为种得多,卖不了、吃不完,他就经常送些给左邻右舍,连一些村外人也好几次受到了他的"恩惠"。因此欧阳就经常主动地跟他打招呼:"范大爷,您都近80的人啦,儿孙都已成家立业了,您也该享享清福啦!"谁知他一拍大腿:"我年纪不大,才78岁,小着呢!"说完,朗声大笑,担起水桶浇水去了。因为有追求,近80的老人并不觉得自己苍老,每天忙碌在田头。

中科院博导张梅玲教授已年过七旬,但她却风采依旧。还有活跃在教育界的全国著名特级教师王芳、李吉林……在广大教师的心目中,他们永远是那么年轻、充满活力。是什么让他们如此年轻,如此青春永驻? 是不断地追求,对事业的无比热爱。

岁月不可避免地在你的皮肤上留下苍老的皱纹,但若保持热情,岁月就无法在你心灵上刻下痕迹,只有忧虑、恐惧和自卑等消极情绪才会使人苟活于尘世。

无论是70岁还是17岁,每个人的心里都会蕴含着奇迹般的力量,都会

对进取和竞争怀着孩子般的无穷无尽的渴望。在每个人的心灵之中,都拥有一个类似无线电台的东西,只要能源源不断地接收来自人类和造物主的美好、希望、欢乐、勇气和力量的信息,你就会永远年轻。

永远年轻的状态是需要用对生活的热情和对人生的挑战去保持的,否则,你的心便会被玩世不恭的冷漠和悲观绝望的严酷所覆盖,哪怕你只有20岁,你也会衰老。但如果你永远保持热情,捕捉每一个积极进取的音符,那你就会有希望在古稀之年依然年轻。

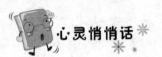

心灵悄悄话

别把痛苦的根源推给外界,人生所有的痛苦都来自自己接收的这些负能量。你生气,是因为自己不够大度;你郁闷,是因为自己不够豁达;你焦虑,是因为自己不够从容;你悲伤,是因为自己不够坚强;你惆怅,是因为自己不够阳光;你嫉妒,是因为自己不够优秀……

# 第五篇

## 意志力增加正能量

罗伊斯这样说:"从某种意义上说,意志力通常是指我们全部的精神生活,而正是这种精神生活在引导着我们行为的方方面面。"

意志力是人格中的重要组成因素,对人的一生有着重大影响。人们要获得成功必须要有意志力作保证。俗话说:"意志创造人"。通过提高意志力,你可以获得人生的富贵,拥有生活中的各种成就。这种意志之力,默默地潜藏在我们每个人的身体之内。

# 蕴藏体内的巨大能量

## 意志力是我们的"精神钙质"

著名哲学家罗素曾说："古往今来,对于成功秘诀的谈论实在是太多了。其实,成功并没有什么秘诀。成功的声音一直在芸芸众生的耳边萦绕,只是没有人理会她罢了。而她反复述说的就是一个词——意志力。任何一个人,只要听见了她的声音并且用心去体会,就会获得足够的能量去攀越生命的巅峰。这几年来,我一直在努力致力于一项事业——试图在美国人的思想中植入这样一种观念:只要给予意志力以支配生命的自由,那么我们就会勇往直前。"

意志是人最重要的心理素质,是成功者最不可缺少的"精神钙质"。那么意志力究竟是怎样的一个含义呢?

我们不急于给意志力下一个抽象的定义,不妨先看看著名的世界冠军威尔玛的成长经历,从中我们会对意志力的内涵有深切的领悟。

1940 年 6 月 23 日,在美国一个贫困的铁路工人家庭,一位黑人妇女生下了她一生中的第 20 个孩子,这是个女孩,取名为威尔玛·鲁道夫。

4 岁那年,威尔玛不幸同时患上了双侧肺肺炎和猩红热。在那个年代,肺炎和猩红热都是致命的疾病。母亲每天抱着小威尔玛到处求医,医生们都摇头说难治,她以为这个孩子保不住了。

然而,这个瘦小的孩子居然挺了过来。威尔玛勉强捡回来一条命,但是由于猩红热引发了小儿麻痹症,她的左腿残疾了。从此,幼小的威尔玛不得不靠拐杖来行走。看到邻居家的孩子追逐奔跑时,威尔玛的心中蒙上了一团阴影,她沮丧极了。

在她生命中那段灰暗的日子里,经历了太多苦难的母亲却不断地鼓励她,希望她相信自己并能超越自己。虽然有一大堆孩子,母亲还是把许多心血倾注在这个不幸的小女儿身上。

母亲的鼓励带给了威尔玛希望的阳光。威尔玛曾经对母亲说:"我的心中有个梦,不知道能不能实现。"母亲问威尔玛她的梦想是什么。威尔玛坚定地说:"我想比邻居家的孩子跑得还快!"

母亲虽然一直不断地鼓励她,可此时还是忍不住哭了,她知道孩子的这个梦想将永远难以实现,除非奇迹出现。

在威尔玛5岁那年,一天,母亲听说城里有位善良的医生免费为穷人家的孩子治病。母亲便把女儿抱上手推车,推着她走了3天,来到城里的那家医院。

母亲满怀希望地恳求医生帮助自己的孩子。医生仔细地为威尔玛做了检查,然后进到里屋。医生出来的时候拿了一副拐杖。母亲对医生说:"我们已经有拐杖了。我希望她能靠自己的腿走路,而不是借助拐杖。"医生说:"你的孩子患的是严重的小儿麻痹症,只有借助拐杖才能行走。"

坚强的母亲没有放弃希望,她从朋友那里打听到一种治疗小儿麻痹症的简易方法,那就是为患肢泡热水和按摩。母亲每天坚持为威尔玛按摩,并号召家里的人一有空就为威尔玛按摩。母亲还不断地打听治疗小儿麻痹症的偏方,买来各种各样的草药为威尔玛涂抹。

奇迹终于出现了!威尔玛9岁那年的一天,她扔掉拐杖站了起来。母亲一把抱住自己的孩子,泪如雨下。4年的辛苦和期盼终于有了回报。

11岁之前,威尔玛还是不能正常行走,她每天穿着一双特制的钉鞋练习走路。开始时,她在母亲和兄弟姐妹的帮助下一小步一小步地行走,渐渐地就能穿着钉鞋独自行走了。

11岁那年的夏天,威尔玛看见几个哥哥在院子里打篮球,她一时看得入了迷,看得自己心里也痒痒的,就脱下笨重的钉鞋,赤脚去和哥哥们玩篮球。一个哥哥大叫起来:"威尔玛会走路了!"那天威尔玛可开心了,赤脚在院子里走个不停,仿佛要把几年里没有走过的路全补回来似的。全家人都集中在院子里看威尔玛赤脚走路,他们觉得威尔玛走路比世界上其他任何节目都好看。

13 岁那年,威尔玛决定参加中学举办的短跑比赛。学校的老师和同学都知道她曾经得过小儿麻痹症,直到此时腿脚还不是很利索,便都好心地劝她放弃比赛。威尔玛决意要参加比赛,老师只好通知她母亲,希望母亲能好好劝劝她。然而,母亲却说:"她的腿已经好了。让她参加吧,我相信她能超越自己。"事实证明母亲的话是正确的。

比赛那天,母亲也到学校为威尔玛加油。威尔玛靠着惊人的毅力一举夺得 100 米和 200 米短跑的冠军,震惊了校园,老师和同学们也对她刮目相看。

从此,威尔玛爱上了短跑运动,想尽办法参加一切短跑比赛,并总能获得不错的名次。同学们不知道威尔玛曾经不太灵便的腿为什么一下子变得那么神奇,只有母亲知道女儿成功背后的艰辛。坚强而倔强的女儿为了实现比邻居家的孩子跑得还快的梦想,每天早上坚持练习短跑,直练到小腿发胀、酸痛也不放弃。

在 1956 年的奥运会上,16 岁的威尔玛参加了 4×100 米的短跑接力赛,并和队友一起获得了铜牌。1960 年,威尔玛在美国田径锦标赛上以 22 秒 9 的成绩创造了 200 米的世界纪录。在当年举行的罗马奥运会上,威尔玛迎来了她体育生涯中辉煌的巅峰。她参加了 100 米、200 米和 4×100 米接力比赛,每场必胜,接连获得了 3 块奥运金牌。

是什么力量让一个从小就左腿残疾的小孩闯过命运的低谷,并最终成长为震惊世界的短跑冠军?答案就是:她不屈不挠的人生之路上闪耀着两个大字——意志。

意志是人自觉地确定目的,并根据目的调节支配自身的行动,克服困难,去实现预定目标的心理过程,是人的主观能动性的突出表现形式。

作为一种普遍的"心智功能",意志力是为人所熟知的东西,我们每天都能感受到它的存在。尽管不同的人对于意志力的源泉,对于意志力如何影响人,以及意志力的积极作用和局限性有着不同的看法,但大家都认同这样的看法:意志力本身是人类精神领域一个不可或缺的组成部分,甚至在我们每个人的生命中,意志力都发挥着超乎寻常的重要作用。

有人认为,意志力是"**一种有意识的心理功能,其作用尤其体现在经过**

**深思熟虑的行动上"**。但是意志力一定是"有意识"作用的结果吗？许多看似无意识的举动，可能正是一个人意志力的体现；而另外一些脱离人的意志力指引的行为却肯定是有意识的。人的一切有意识的行动都是经过考虑的，因为即便这一行动是在瞬间做出的，思考的因素仍然在其中发生着作用。所以说，意志力是自我引导的力量。

作为一种自我引导的精神力量，意志力是引导我们成功地伟大力量。如果你拥有强大的意志力，那么你全身的能量都可以在它的召唤下聚合起来，从而实现你的成功愿望。

## 意志力统率人的心智

最能说明这个问题的就是注意力的集中，而注意力的集中正是意志力作用的结果。在集中注意力时，思想就会将它的能量集中在一个物体或者一组物体上。比如把两本书放在眼前，我们可以大致领略两本书的文字，但当我们集中注意力，用心去感受其中一本书的内容时，那么，我们真的就只会关注那本书，而另外一本书由于意志力的作用而被忽略了。这个例子还可以很好地说明意志力可以引起人的抽象思维。人的思维在某种单一的行为中所显示出来的专注程度和力度，往往体现了意志力持久作用的结果。从这一点来说，意志力的强弱就体现在"集中注意力"的强弱上，或者说意志力的强弱表现在思考过程中，表现在人的自我控制能力的大小上。

古今中外，很多杰出的人物都具有这种强大的意志力，以至于他们在专注于自己的思想时，能够对周围的一切置若罔闻。

一天中午，贝多芬走进一家餐馆吃饭。当时餐馆里生意兴隆，侍者们忙得不可开交。一位侍者把贝多芬引领到座位后，就忙着去招呼其他客人了。于是贝多芬正好利用等待的空隙继续思考还没有完成的乐曲。

时间一分一秒地过去，贝多芬用手指轻轻地敲弹着餐桌的边沿，回想着几天来一直在构思的那首曲子。渐渐地，餐馆里的嘈杂声被贝多芬心中流淌的音乐所取代。他沉浸在自己的思绪里，仿佛又置身于家中的那架钢琴前,黑白琴键在他眼前闪烁着迷人的光芒。他舒缓地抬起手腕,弹下去……优美的音乐马上流淌开来,贝多芬感受着乐曲中一切微小的细节,有哪一处需要修改,他就马上拿起笔,在乐谱上标注……很快,几天来一直进展得不是很顺利的乐曲,竟然完美地呈现出来了!

"太好了!"贝多芬兴奋地欢呼起来。这时,他才发现自己竟然还坐在餐馆里,手下弹奏着的不是钢琴,而是铺着雪白桌布的餐桌。餐馆里的人都被他突然的大喊吓了一跳,人们诧异地看着他,以为他精神不正常。

侍者也立刻注意到了这位被冷落很久的客人,他以为贝多芬要大发雷霆,赶紧一边大声道歉,一边抓起菜单走过来:"对不起,对不起,先生,我这就为您……"

"没关系,一共多少钱? 请您快点给我结账!"贝多芬打断侍者的话,说道。他迫不及待地要赶回家去把刚刚构思好的乐曲记录下来。

"啊?"侍者大吃一惊,说,"可是,先生,您还没有吃呢!"

"哦? 真的吗? 我怎么觉得饱了呢?"贝多芬笑着说,"看来,音乐还能解除我的饥饿呢!"


与许多废寝忘食投身于事业的科学家、艺术家一样,贝多芬几乎把全部身心都投入到他所热爱的音乐事业中,所以才写出了震撼人心的《命运交响曲》《悲怆奏鸣曲》等一系列世界音乐史上的经典之作。这也向世人有力地证明了一点:只有排除干扰,将精力完全专注于一件事情上,才会产生伟大的思想结晶。

意志的力量同样还显著地表现在记忆这一行为上。在"记忆"的过程中,意志力常常会用其能量给人的精神"充电"。但一些事实也会由于兴趣本身的巨大影响,而铭刻在人的大脑中。正如人们所认为的那样,在受教育的过程中,大脑格外需要意志力的激励。注意力、集中的思维和兴趣的有益影响都必须积极地参与到记忆过程中去,这样才能保证工作和学习的高效率。

注意力高度集中时,智力和体力活动都极度紧张,无关的运动都停止了,身体的各个部分都处于静止状态,甚至有时抬起的手都忘了放下,呼吸变得轻微缓慢,吸气短促而呼气延长,常常还发生呼吸暂时停止的现象(即屏息),心脏跳动加速,牙关紧咬等。一般说来,注意力高度集中只能是短时间的。此时所记住的东西,往往能记很长的时间,甚至一辈子不忘。

生活中,也许有的人天生就拥有良好的记忆能力,然而真正持久、清晰的记忆力却必须依赖于意志力的驱动和坚持不懈的努力;需要人们有意识地、自觉地训练大脑,保持记忆的连续性和准确性。

记忆的最初是利用形象记住事物,记忆力与想象力紧密相连。就是说,在头脑中好像有个电影银幕,当看到文字或听到话语的时候,要立刻在这个银幕上描绘出形象来。只要经常练习,养成这种习惯,那么看到或听到的事物的形象,就能在很短的时间里映现在头脑中,因而就容易留下记忆。

当脑海中浮现形象的时候,最关键的一点,就是尽可能把它们换成具体的物品。例如,从香烟这个词想象出自己常吸的某品牌香烟的形象;要是领带,就想象出一条有着时兴花样的领带的形象;如果是围巾,就想象出你所喜爱的经常围着围巾的形象。

记忆总是与想象紧密联系在一起的。若大脑对于过去只是一片空白,则无法拼凑出想象的图像。想象有着一系列奇妙的特性,如强制性、目的性和控制力。

我们头脑中有时冒出的各种念头尽管新颖得令人叫绝,但是或多或少有些模糊和令人迷惑。然而,这种脑海中的丰富联想必须要靠意志力的积极作用,必须进行不懈的磨炼才能够培养起来。

持续的思考和不懈的实践,会使得一个人在脑海里对事物的看法、对事物联系的观察、对各种事物的关系,形成更为生动可信的印象。如果一个人无法在这些方面做得很出色,通常是由于意志力没有引导好自己的思想能力,使其对事物的分析达到具体入微的境地。在强有力的意志的驱使下,人能想起一大堆的事实、各种各样的事物及其相应的规律、一大群的人、一个地区的概貌,甚至能够想起曾经有过的快乐幻想,以及很多很多对现实生活和理想世界的观念与设想。

自古至今,每个人的想象力都是非常丰富的。

文学艺术的发展离不开作家、艺术家的想象。可以说,没有想象就没有艺术,没有文学。想象是人类精神财富的一部分,整个人类的文明进程都离不开想象。想象能"十分强烈地促进人类发展的伟大天赋"。不仅在文学艺术领域,其他的社会科学、人文科学领域诸如哲学、宗教领域,都需要想象。就是在自然科学领域里,想象也同样是科学家进行科学研究所必需的一种素质。正是由于人类具有奇特的想象力，才有了今天绚烂多彩的文明社会。

由此可见，意志力统率着人的心智，人在意志力的推动下创造着辉煌的文明。当意志力无比强大的时候，人能不断取得胜利；当意志力衰败之时，生活也将毫无生气。

> 人生在世一蜉蝣，转眼乌头换白头。一辈子很短，真的需要好好地疼自己，你的世界，有了自己心灵的那束阳光才真的明媚温暖。一辈子，很累，真的不需要去苛求自己，什么都要完美，你的生活，有你的足迹，有你的泪水，有你的笑声，你的世界就已经完美了。对生活多些感恩，多些知足，用那些正能量去驱散人生的迷雾和阴霾，用一颗阳光的心，还自己一片澄净的艳阳天。

# 锻炼意志力　提升你的正能量

## 运用自我激励的力量

自我激励，即激发自己，鼓励自己，自己激发自己的动机，充实动力源，使自己的精神振作起来。自我激励之所以能够培养意志力，在于自我激励能够激发你成功的信心与欲望，从而使你具备一往无前的动机。

自我激励是激励的一种。有没有激励，人朝目标前进的动力是很不一样的。美国心理学家詹姆士的研究表明，一个没有受到激励的人，仅能发挥其能力的 20%～30%，而当他受到激励时，其能力可以发挥出 90%，相当于前者的 3～4 倍。可见，自我激励不仅对培养意志力，而且对开发潜能也大有影响。

当人们处于顺境时，一般容易兴高采烈，甚至忘乎所以；而当人们陷于逆境时，往往不知所措、消极悲观。想干一番事业，干出一点成绩来，就会有许多意想不到的事情发生。挫折、打击会突然降临到你的头上，流言蜚语、造谣中伤会接踵而来，如果碰到一些很会要心计、玩权术的顶头上司，那么难堪的小鞋、莫名其妙的打击，就会一个接一个。此时，尤其需要自励，使自己保持一颗平常心，重新取得心理平衡，使精神振作起来，保持自己旺盛的斗志。

对于那些意志力不是很强，稍有一点"风吹草动"、稍稍遭到失败就无法忍受的人，特别需要使用自我激励这种辅助手段来培养意志力。

那么，怎样运用自我激励来培养意志力呢？

首先，必须学会正确认识自己。认识自己就是认识自己的长处和短处，不将长处当短处，不将短处当长处，绝不护短，绝不自己原谅自己。只有知道了自己遭到失败、挫折的原因在哪儿，才会有的放矢地重新起步，也才有可能培养你的意志力。

自我激励的重要因素是要自己看得起自己。许多人有这样一个毛病：风平浪静时，自是、自爱甚至自负得不得了，而一遇到问题，就妄自菲薄、自暴自弃、消极颓废，有时甚至还想用一些激化矛盾的方式进行对抗。为什么会这样？其实就是因为自己的内心过于自卑、容易自馁，认为自己这也不行那也不行，什么都干不了。因此一定要自尊，要采取切实的措施自己帮助自己，这是自我激励得以实现的重要手段。

**只要你认真地抱着希望，"我希望自己能成功"，或是"我希望自己成为首屈一指的人"，你就一定能找到成功的方法，这就是"贾金斯法则"。**

贾金斯博士说："睡眠之前留在脑海中的知识或意识，会成为潜意识，深刻地留在自己的脑海中，并可转化成行动力。"

这个原则经常被我们应用在生活之中。例如，明天要去旅行，必须早上5点钟起床，可是家里又没有闹钟，在这种情况之下，怀着一颗忐忑不安的心入睡，生怕自己睡过了头。结果，早上果然5点钟准时起床。在我们的日常生活中，这种靠着潜意识控制自己生理时钟的例子，一年总有几次。

再例如，有些人每晚临睡前一定要看一点书，这就是利用心理学上的记忆原则来增强记忆。如果你认为自己的意志薄弱，那就对自己说："我一定可以加强自己的意志。"例如，你看到一位很有希望的顾客，你就假想自己很成功地和这位顾客签约的情景。只要你有信心，这种自信心就能让你成为很有魅力的人。这样，每晚就寝前想一次，你就能锻炼意志力。

首先要让自己具有清楚的意志，然后不断地实行，这样你就能够不断地进行自我激励，你的人生就能逐渐步向成功之路。

另外，自我暗示也是一种典型的自我激励的方法，是培养意志力的很好的辅助手段。

所谓"人若败之，必先自败"。许多具有真才实学的人终其一生却少有所成，其原因在于他们深为令人泄气的自我暗示所害。无论他们想开始做什么事，他们总是胡思乱想着可能招致的失败，他们总是想象着失败之后随之而来的羞辱，一直到他们完全丧失意志力和创造力为止。

对一个人来说，可能发生的最坏的事情莫过于他的脑子里总认为自己

生来就是个不幸的人，命运之神总是跟他过不去。其实，在我们自己的思想王国之外，根本就没有什么命运女神。我们就是自己的命运女神，我们自己控制、主宰着自己的命运。

在每个地方，尽管都有一些人抱怨他们的环境不好，他们没有机会施展自己的才华，但是，就是在相同的条件下，有一些人却设法取得了成功，使自己脱颖而出，天下闻名。这两种人最大的区别就在于自我暗示的不同，前者始终抱着必败的心态，而后者则始终坚信自己会成功。

我们的不幸，或是我们自己认为的所谓"残酷的命运"，其实与我们的自我暗示有莫大的关系。我们经常看到有些能力并不十分突出的人却干得非常不错，而我们自己的境况反不如他们，甚至一败涂地，我们往往认为有某种神秘的力量在帮他们，而在我们身上总有某种东西在拖我们的后腿。但是，实际上却是我们的思想、我们的心态出了问题。

可以这么说，我们面临的问题便是我们根本不知道该如何提高自己。我们对自己不够严格，我们对自己的要求不够高。我们应该期待自己有更加光辉灿烂的未来，应该认为自己是具有超凡潜质的卓越人物。总之，我们一定要对自己有很高的评价。

无论别人如何评价你的能力，你绝不能怀疑自己能成就一番事业的能力，你应对自己能成为杰出人物怀有充分的信心。而运用自我暗示，能够很成功地增强你的信心。

个人的自我暗示中蕴藏着一笔很大的财富，蕴藏着一笔极大的资本。你在立身行事时，要不断地暗示自己一定会成功，会获得发展、进步。光是这种发展的声音，光是这种积极进取的声音，光是这种能有所成就的声音，光是这种在社会中举足轻重的声音，就足以激起你无限的潜力。

与情绪的影响力相比，自我暗示更能掌握情绪的控制——尤其不会受到消极想法所左右。当然，在心情平静时，情绪很容易控制；但是当你心情恶劣、充满不安的感觉时，情绪就很难做有效的控制——除非你经由持续的练习和训练！而在自我暗示的状态下，你才有能力练习控制情绪。再者，由于情绪在追求理想时所扮演的角色十分重要，因此学会情绪的控制，在你个人的事业上，将产生重大的影响力。

有这样一段故事：

一位从纽约到芝加哥的人看了一眼自己的手表，然后告诉他芝加哥的朋友说已经 12 点了，其实表上的时间要比芝加哥的时间早一个小时。但这位在芝加哥的人没有想到芝加哥和纽约之间的时差，听说已经 12 点了，就对这位纽约客人说他已经饿了，他要去吃中午饭。

这个故事很有趣，同时也告诉我们自我暗示的作用。只要你给自己一个暗示，那么你的行为就将遵循这一暗示的指导。

一位年轻的歌手受邀参加试唱会，她一直期盼能有这个机会，但是她过去已经参加过 3 次了，每次都因为害怕失败，最终败得很惨。这位年轻的女士嗓子很好，但是，过去她一直对自己说："轮到我演唱的时候，便担心观众也许会不喜欢我。我会努力，但是我心中充满了畏惧和忧虑不安。"这样消极的自我暗示肯定不能帮助她演唱成功。

她以下面的方法克服了这种消极的自我暗示。她把自己关在房中，一天 3 次，舒服地坐在一张太师椅中，放松她的身体，闭上她的眼睛，尽可能使她的心灵和身体平静下来。因为身体停止活动，可以形成心智的不抵抗，而使心智更容易去接受暗示。然后她对自己说："我唱得很好，我泰然自若，沉着安详，有信心而镇静。"以此来反击畏惧的提示。她每次都带着感情，缓慢而静静地重复说上 5～10 次。她每天必定"坐"3 次，再加上睡前的 1 次。一个星期过去以后，她真的完全泰然自若、充满了信心。当试唱会来临的时候，她唱得好极了。

许多抱怨自己脾气暴躁的人，被证明极易接受自我提示，而且能够获得很好的效果。办法是，大约花 1 个月的时间，每天早晨、中午和晚上临睡之前，对自己说下面的话："从今以后，我将变得更具有幽默感。每天我将变得更可爱、更容易谅解别人。从现在起，我将要成为周围人愉悦和友善的中心，我以幽默的语言感染他们。这种快乐、欢愉和幸福的心情，日渐成为我正常而自然的心志状态。我时时心存感恩。"

和自我激励一样，自我暗示可以给自我以信心，同时暗示的内容本身就是你前进的动力与方向，所以自我暗示可以让你鼓起勇气，一往无前，由此你获得了战胜自我，特别是战胜内心恐惧感的强大意志力。

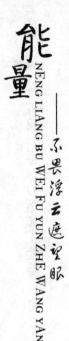

## 宝剑锋从磨砺出

美国著名小说家杰克·伦敦,在谈到自己的成功经历时说:**"意志不是与生俱来的,而是在参与实践的斗争中磨炼出来。"**

的确如此,人们的优良意志品质并不是主观上想要就能自然产生的,也不是闭门修养的方法所能奏效的,主要是靠在实践中培养。为了学会游泳,就必须下到水里去。为了培养良好的意志力,你就得置身于需要并能产生这种意志品质的实践之中。

我国学者自古就对实际锻炼给予充分的重视。孔子特别重视"躬行",主张凡事要躬行。荀子说:"学至于行之而止矣。"墨子说:"士虽有学而行为本焉。"朱熹更强调实践"洒扫、应对、进退之节",认为实践是"爱亲、敬长、隆师、亲友之道",是"修身、齐家、治国、平天下之本"。古代人讲究道德教育要"入乎耳,著乎心,布乎四体,形乎动静"。孟子有段名言:"天将降大任于是人也,必先苦其心志,劳其筋骨,饿其体肤,空乏其身,行拂乱其所为,所以动心忍性,增益其所不能。"这段话的大意是:要想让一个人挑起重担,必须让身心和意志受到磨难,让他的筋骨受些劳累,让他的肠胃挨些饥饿,让他的身体空虚困乏起来,让他做的事不能轻易达到目的,这是为了激励他的意志,磨炼他的耐性,增强他的各种能力。总之,就是让人们在艰苦磨炼的实践中培养艰苦奋斗、自强不息的精神和担当重任的本领。墨家也很重视实际锻炼,鼓励人在实践中磨炼自强不息的精神,**墨子说:"强必荣,不强必辱;强必富,不强必穷;强必饱,不强必饥……"**

可见我国古代就有让孩子在实践中磨炼成才的传统。中华民族历来唾弃养尊处优、肩不能担、手不能提的"纨绔子弟",鄙视生平无大志、碌碌无为的庸人。

通常说来,一个人的经历越是充满风浪,越能锻炼意志品质。平静的生活是使人安心的,但可惜的是,一潭死水的生活只是培养没出息者的温床,只能塑造出软弱、平庸之辈。在生活中,经历过大风大浪的磨炼,或在改革中经受了惊涛骇浪考验的人,意志往往是坚强的。而在生活中没有干什么大事业、没有经历过风浪考验的人，则常常表现得脆弱和软弱，遇到一点不大的挫折也能使他惊慌失措。波澜壮阔的伟大人生，要靠波澜壮阔的伟大实践来塑造。坚强无畏的意志，只会产生于久经生活磨炼和考验的那些人身上。

如果你要想培养自己坚毅果敢的意志力，你应该尽可能多让自己参与实践活动，无论是学习，做家务，还是社会活动，都可以磨炼你的意志。

不过，无论是在哪一种实际活动中磨炼意志，我们都应注意以下几点：

**（1）明确恰当的要求。** 也就是要明确意志锻炼的目标，以激发锻炼的积极性。给自己提出的要求：一是应当合理；二是应当简短；三是应当坚决；四是应当有系统性和连贯性，呈渐进的阶梯式。这样可以推动自己步步向前。

**（2）把握好任务的难度。** 太容易的活动没有锻炼意志的意义，太困难的活动也会挫伤意志锻炼的积极性。所谓把握好难度，就是说需要完成的任务，应该既是困难的，又是力所能及的。

**（3）尽量自主解决困难。** 在活动中遇到困难时，可以接受帮助和指导，但不要让别人代替自己克服困难。

**（4）了解活动的结果。** 心理学研究指出，在练习活动中，是否知道练习过程中每一步的结果，最后的效果是不一样的。知道结果的效果好。所以，我们的意志锻炼活动中，应该了解每次锻炼活动的结果，这有助于增强锻炼的自觉性和积极性，提高意志锻炼的效果。

**（5）利用活动的群体效应。** 意志锻炼的各种活动，可以群体方式进行，在群体中，相互作用会影响活动者的意志力。

成功是不可能来自自认为失败的自我暗示的，就好像玫瑰是不可能来自长满蓟草的土壤一样。当一个人非常担心失败或贫困时，当他总是想着可能会失败或贫困时，他的潜意识里就会形成这种失败思想的印象，因而，他就会使自己处于越来越不利的地位。换句话说，他的思想、他的心态使得他试图做成的事情变得不可能了。

# 会自制的人生不平凡

## 自制打造卓越人生

　　自制是指一个人自觉地调节和控制自己行动的品质。自制力强的人，能够理智地对待周围发生的事件，有意识地控制自己的思想感情，约束自己的行为，成为驾驭现实的主人。

　　自觉地调节作用，表现为发动行动和制止行动两个方面。所谓发动行动是指激励和推动人们去从事达到预定目标所必需的行动。所谓制止行动是指抑制和阻止不符合预定目标的行动。这两者是对立统一的。

　　一个人在事业上的成功需要有坚强的自制力品质。

　　一个人在集中精力完成某项特殊任务时，在自制力的作用下，能排除干扰，抑制那些不必要的活动。

　　在自制力的调节下，能够帮助人选择正确的活动动机，调整行动目标和行动计划。

　　威尔在年轻时是一个有很多坏习惯的人——不能自制、易怒、极爱发脾气，但是他也极富青春活力，这种青春活力使他搞了许多恶作剧。在当地镇上，人们都知道他是一个喜欢惹是生非的人。他似乎迅速地滑向坏路，但就在此时，一种极其严格的信仰抑制了他的偏强性格，并使他的这种偏强性格屈从于某种铁的纪律。这样，就给他青春的活力和蓬勃的激情指明了一个崭新的方向，使他得以将其汹涌澎湃的青春激情投入到公共生活中去，并最终使他成为英国历史上极有影响的人物之一。

　　自制力强的人，能理智地控制自己的欲望，分清轻重缓急，然后再去满足那些社会要求和个人身心发展所必需的欲望,对不正当的欲望则坚决予以抛弃。

作家李准在报告文学《两个青年人的故事》中曾有过这样一段描述:"杨乐到了北大数学系后,学习更努力了。他和张广厚每天学习演算12小时,他们没有过星期天,没有过节假日。'香山的红叶红了',让它红吧,我们要演算。'中山公园的菊花展览漂亮极了',让它漂亮吧,我们要学习。'十三陵发现了地下宫殿',真不错,可是得占半天时间,割爱吧。'给你一张国际足球比赛的入场券',真是机会难得,怎么办? 牺牲了吧,还是看我们案头上的数学竞赛题吧!"杨乐、张广厚在强烈的学好数学的事业心的召唤下,一次次克制了游览的冲动,这为他们在数学领域中获得重大的成就创造了条件。

自制力强的人,处在危险和紧张状态时,不轻易为激情和冲动所支配,不意气用事,能够保持镇定,克制内心的恐惧和紧张,做到临危不惧、忙而不乱。

自制力强的人,在崇高理想的支配下,能够忍耐克己,为事业、为社会做出惊天动地的大事。邱少云在侦察敌情时,为了不暴露目标,忍受着烈火烧身的痛苦,直至英勇献身。这是高度自制力的光辉典范。

自制力薄弱的人遇事不冷静,不能控制激情和冲动;处理问题不计后果,任性、冒失。这种人易被诱因干扰而动摇,或惊慌失措。

许多学者、军事家、政治家在指出自制力的重要性的同时,也指出易冲动、好急躁之危害。我国古代军事家孙子把易冲动、好急躁的指挥员用兵视为"用兵之灾",列为覆军杀将的5种危险之一。林则徐根据自己的生活阅历总结出脾气急躁、遇事容易发怒的人最容易把好事办坏。他为了克服在自己身上存在的急躁的坏脾气,亲自动笔书写"制怒"二字,挂在自己的书房里。以后无论走到哪里,都把这块横匾带到哪里。

可见,培养和锻炼自制力,克服自制力薄弱的弱点,对生活、工作是多么的重要。

## 不能自控的人就像没罗盘的水手

一个人能够自我控制的秘密源于他的思想。我们经常在头脑中贮存的东西会渐渐地渗透到我们的生活中去。如果我们是自己思想的主人，如果我们可以控制自己的思维、情绪和心态，那么，我们就可以控制生活中可能出现的情况。

我们都知道，当沸腾的血液在我们狂热的大脑中奔涌时，控制自己的思想和言语是多么的困难。但我们更清楚，让我们成为自己情绪的奴隶是多么危险和可悲。这不仅对工作与事业来说是非常有害的，而且会减少效益，甚至还会对一个人的名誉和声望产生非常不利的影响。无法完全控制和主宰自己的人，命运不是掌握在他自己的手里。

有一个作家说："如果一个人能够对任何可能出现的危险情况都进行镇定自若的思考，那么，他就可以非常熟练的从中摆脱出来，化险为夷。而当一个人处在巨大的压力之下时，他通常无法获得这种镇定自若的思考力量。要获得这种力量，需要在生命中的每时每刻，对自己的个性特征进行持续的研究，并对自我控制进行持续的练习。而在这些紧急的时刻，有没有人能够完全控制自己，在某种程度上决定了一场灾难以后的发展方向。有时，也是在一场灾难中，这个可以完全控制自己的人，常常被要求去控制那些不能自我控制的人，因为那些人由于精神系统的瘫痪而暂时失去了做出正确决策的能力。"

看到一个人因为恐惧、愤怒或其他原因而丧失自我控制力时，这是非常悲惨的一幕。而某些重要事情会让他意识到，彻彻底底地成为自己的主人，牢牢地控制自己的命运是多么的必要。

想想看有这样一个人，他总是经常表露自己的想法——要成为宇宙中所有力量的主人，而实际上他却最终给微不足道的力量让了路！想想看他正准备从理性的王座上走下来，并暂时地承认自己算不上一个真正的人，承认自己对控制自己行为的无能，并让他自己表现出一些卑微和低下的特征，去说一些粗暴和不公正的话。

由于缺少自制美德的修炼，我们许多成年人还没有学会去避免那伤人的粗暴脾气和锋利逼人的言辞。

不能控制自己的人就像一个没有罗盘的水手，他处在任何一阵突然刮起的狂风的左右之下。每一次激情澎湃的风暴，每一种不负责任的思想，都可以把他推到这里或那里，使他偏离原先的轨道，并使他无法达到期望中的目标。

自我控制的能力是高贵品格的主要特征之一。能镇定且平静地注视一个人的眼睛，甚至在极端恼怒的情况下也不会有一丁点儿的脾气，这会让人产生一种其他东西所无法给予的力量。人们会感觉到，你总是自己的主人，你随时随地都能控制自己的思想和行动，这会给你品格的全面塑造带来一种尊严感和力量感，这种东西有助于品格的全面完善，而这是其他任何事物所做不到的。

这种做自己主人的思想总是很积极的。而那些只有在自己乐意这样做，或对某件事特别感兴趣时才能控制思想的人，永远不会获得任何大的成就。那种真正的成功者，应该在所有时刻都能让他的思维来服从他的意志力。这样的人，才是自己情绪的真正主人；这样的人，他已经形成了强大的精神力量，他的思维在压力最大的时候恰恰处于最巅峰的状态；这样的人，才是造物主所创造出来的理想人物，是人群中的领导者。

心灵悄悄话

感谢伤害你的人，因为他磨炼了你的心志！

感谢绊倒你的人，因为他强化了你的双腿！

感谢欺骗你的人，因为他增进了你的智慧！

感谢藐视你的人，因为他觉醒了你的自尊！

感谢遗弃你的人，因为他教会了你该独立！

# 点石成金需恒心

"登泰山而小天下",这是成功者的境界。如果达不到这个高度,就不会有这个视野。但是,你若想到达这个境地亦非易事,人们从岱庙前起步上山,入南天门,进中天门,上十八盘,登玉皇顶,一步步拾级而上,起初倒觉轻松,但愈到上面便愈感艰难。十八盘的陡峭与险峻曾使多少登山客望而却步。游人只有抱着不达目的绝不罢休的精神,才能登上泰山绝顶,体验杜甫当年"一览众山小"的酣畅意境。

许多人盼望长命百岁,却不理解生命的意义;许多人渴求事业成功,却不愿持之以恒地努力。其实,人的生命是由许许多多的"现在"累积而成的,人只有珍惜"现在",不懈奋斗,才能使生命闪光,事业有成。

要成功,最忌"一日曝之,十日寒之","三天打鱼,两天晒网"。遇事浅尝辄止,必然碌碌终生而一事无成。世上愈是珍贵之物,则费时愈长,费力愈大,得之愈难。即便是燕子垒巢,工蜂筑窝也都非一朝一夕的工夫,人们又怎能企望轻而易举便获得成功呢?天上没有掉下来的馅饼。数学家陈景润为了求证"哥德巴赫猜想",他用过的稿纸几乎可以装满一个小房间;作家姚雪垠为了写成长篇历史小说《李自成》,竟耗费了 40 年的心血。大量的事实告诉我们:**点石成金需恒心**。

在美国科罗拉多州长山的山坡上,躺着一棵大树的残躯。自然学家告诉我们,它曾经有过 400 多年的历史。在它漫长的生命里,曾被闪电击中过14 次,无数次暴风骤雨侵袭过它,都未能让它倒下。但在最后,一小队甲虫的攻击却使它永远也站不起来了。那些甲虫从根部向里咬,渐渐伤了树的元气。虽然它们很小,却是持续不断地进攻。这样一棵森林中的巨树,闪电不曾将它击倒,狂风暴雨不曾将它动摇,却因一小队用大拇指和食指就能捏死的小甲虫凭借锲而不舍的韧劲而倒了下来。

这是卡耐基引述别人讲过的一个故事,他是要说明常常为小事烦恼,会损坏人的身心健康。而从这个故事,我们还发现了另一个人生的哲理,这就是只要有恒心,以微弱之躯也可以撼大摧坚。

　　生活中,我们都可能会面对"撼大摧坚"的艰巨任务:运动员要向世界纪录挑战,科学家要解开大自然的奥秘,企业家要跻身世界强者的行列,就是一般人,也会有一些困难的工作要去做。比如你要把一堆砖头从甲地搬到乙地,你该如何做?

　　莎士比亚说:"斧头虽小,但多次砍劈,终能将一棵坚硬的大树伐倒。"

　　还有一位作家说过:"在任何力量与耐心的比赛中,把宝押在耐心上。"

　　小甲虫的取胜之道,就在恒心上。

　　一位青年问著名的小提琴家格拉迪尼:"你用了多长时间学琴?"格拉迪尼回答:"20年,每天12小时。"

　　现在有一种流行病,就是浮躁。许多人总想"一夜成名","一夜暴富"。他们有如吕坤讲的那种"攘臂极力"的人,不去做扎扎实实的长期努力,而是想靠侥幸一举成功。比如投资赚钱,不是先从小生意做起,慢慢积累资金和经验,再把生意做大,而是如赌徒一般,借钱做大投资、大生意,结果往往惨败。

　　网络经济一度充满了泡沫,有人并没有认真研究市场,也没有认真考虑它的巨大风险性,只觉得这是一个发财成名的"大馅饼",一口吞下去,最后没撑多久,就草草倒闭,白白"烧"掉了许多钞票。

　　俗话说得好:"滚石不生苔,坚持不懈的乌龟能快过灵巧敏捷的野兔。"如果能每天学习一小时,并坚持12年,所学到的东西,一定远比坐在学校里接受四年高等教育所学到的多。正如布尔沃所说的:"恒心与忍耐力是征服者的灵魂。它是人类反抗命运、个人反抗世界、灵魂反抗物质的最有力支持。它也是福音书的精髓。从社会的角度看,考虑到它对种族问题和社会制度的影响,其重要性无论怎样强调也不为过。"

　　人类迄今为止,还不曾有一项重大的成就不是凭借坚持不懈的精神而实现的。提香的一幅名画曾经在他的画架上搁了8年,另一幅也摆放了7年。

　　大发明家爱迪生也如是说:"我从来不做投机取巧的事情。我的发明除了照相术,没有一项是由于幸运之神的光顾。一旦我下定决心,知道我应该

往哪个方向努力,我就会勇往直前,一遍一遍地试验,直到产生最终的结果。"

凡事不能持之以恒,正是很多人最终失败的根源。英国诗人布朗宁写道:

实事求是的人要找一件小事做,
找到事情就去做。
空腹高心的人要找一件大事做,
没有找到则身已故。
实事求是的人做了一件又一件,
不久就做一百件。
空腹高心的人一下要做百万件,
结果一件也未实现。

要成功,就要强迫自己一件一件的去做,并从最困难的事做起。有一个美国作家在编辑《西方名作》一书时,应约要撰写 102 篇文章。这项工作花了他两年半的时间。加上其他一些工作,他每周都要干整整 7 天。他没有听任自己先拣最容易阐述的文章入手,而是给自己定下一个规矩:严格地按照字母顺序进行,绝不允许跳过任何一个自感费解的观点。另外,他始终坚持每天都首先完成困难较大的工作,再干其他的事。事实证明,这样做是行之有效的。

心灵悄悄话

在人生的旅途中,最糟糕的境遇注注不是贫困,不是厄运,而是精神和心境处于一种无知无觉的疲惫状态:感动过你的一切不能再感动你,吸引过你的一切不能再吸引你,甚至激怒过你的一切不能再激怒你。这时,人需要寻找另一片风景。

# 有恒心的人才会成功

**清朝人郑板桥有诗云：**"咬定青山不放松，立根原在破岩中。千磨万击还坚劲，任尔东西南北风。"天道酬勤，只有咬定青山不放松，才会有所收获。

天下事最难的不过 1/10，能做成的有 9/10。要想成就大事业的人，尤其要有恒心来成就它，要以坚韧不拔的毅力、百折不挠的精神、排除纷繁复杂的耐性、坚贞不变的气质，作为涵养恒心的要素。

一个人之所以成功，不是上天赐给的，而是日积月累自我塑造的。千万不能存有侥幸的心理。幸运、成功永远只能属于辛劳的人，有恒心不易变动的人，能坚持到底的人。事业如此，德业亦如此。

"冰冻三尺，非一日之寒。"从这个自然现象中就能体现出恒心来。一日曝之，十日寒之；一日而作，十日所辍，成功的概率，几乎等于零。

希拉斯·菲尔德先生退休的时候已经积攒了一大笔钱，然而他突发奇想，想在大西洋的海底铺设一条连接欧洲和美国的电缆。随后，他就开始全身心地推动这项事业。

前期基础性的工作包括建造一条 1600 千米长，从纽约到纽芬兰圣约翰的电报线路。纽芬兰 650 千米长的电报线路要从人迹罕至的森林中穿过，所以，要完成这项工作不仅包括建一条电报线路，还包括建同样长的一条公路。

此外，还包括穿越布雷顿角全岛共 700 千米长的线路，再加上铺设跨越圣劳伦斯海峡的电缆，整个工程十分浩大。

菲尔德使尽浑身解数，总算从英国政府那里得到了资助。然而，他的方案在议会上遭到了强烈的反对，在上院仅以一票多数通过。随后，菲尔德的铺设工作就开始了。

电缆一头搁在停泊于塞巴斯托波尔港的英国旗舰"阿伽门农"号上，另一头放在美国海军新造的豪华护卫舰"尼亚加拉"号上,不过,就在电缆铺设到8千米的时候,它突然被卷到了机器里面,被弄断了。

菲尔德不甘心,进行了第二次试验。在这次试验中,在铺好320千米长的时候,电流突然中断了,船上的人们在甲板上焦急地踱来踱去,好像死神就要降临一样。

就在菲尔德先生即将命令割断电缆、放弃这次试验时,电流突然又神奇地出现,一如它神奇地消失一样。夜间,船以每小时6千米的速度缓缓航行,电缆的铺设也以每小时6千米的速度进行。这时,轮船突然发生了一次严重倾斜,制动器紧急制动,不巧又割断了电缆。

但菲尔德并不是一个容易放弃的人。他又订购了1130千米的电缆,而且还聘请了一个专家,请他设计一台更好的机器,以完成这么长的铺设任务。

后来,英美两国的发明天才联手才把机器赶制出来。最终,两艘军舰在大西洋上会合了,电缆也接上了头;随后,两艘船继续航行,一艘驶向爱尔兰,另一艘驶向纽芬兰,结果它们都把电缆用完了。两船分开不到5千米,电缆又断开了;再次接上后,两船继续航行,到了相隔13千米的时候,电流又没有了。电缆第三次接上后,铺了320千米,在距离"阿伽门农"号6米处又断开了,两艘船最后不得不返回到爱尔兰海岸。

参与此事的很多人都泄了气,公众舆论也对此流露出怀疑的态度,投资者也对这一项目没有了信心,不愿再投资。这时候,如果不是菲尔德先生,如果不是他百折不挠的精神、不是他天才的说服力,这一项目很可能就此放弃了。菲尔德继续为此日夜操劳,甚至到了废寝忘食的地步,他绝不甘心失败。

于是,第3次尝试又开始了,这次总算一切顺利,全部电缆铺设完毕,而没有任何中断,几条消息也通过这条漫长的海底电缆发送了出去,一切似乎就要大功告成了,但突然电流又中断了。

这时候,除了菲尔德和他的一两个朋友外,几乎没有人不感到绝望。但菲尔德仍然坚持不懈地努力,他最终又找到了投资人,开始了新的一次尝试。

他们买来了质量更好的电缆,这次执行铺设任务的是"大东方"号,它缓缓驶向大洋,一路把电缆铺设下去。一切都很顺利,但最后在铺设横跨纽芬兰970千米电缆线路时，电缆突然又折断了，掉入了海底。他们打捞了几次，但都没有成功。于是，这项工作就耽搁了下来，而且一搁就是一年。

好一个菲尔德，所有这一切困难都没有吓倒他。他又组建了一个新的公司，继续从事这项工作，而且制造出了一种性能远优于普通电缆的新型电缆。

1866年7月13日，新一次试验又开始了，并顺利接通、发出了第一份横跨大西洋的电报！电报内容是："7月27日。我们晚上9点到达目的地，一切顺利。感谢上帝！电缆都铺好了，运行完全正常。希拉斯·菲尔德。"不久以后，原先那条落入海底的电缆又被打捞上来了，重新接上，一直连到纽芬兰。

菲尔德的成功证明了只要持之以恒，永不放弃，绝对会有意想不到的收获。

天道酬勤。凡事只要坚持到底、始终如一，就没有征服不了的困难。只要你兢兢业业、勤奋向前、坚持不懈，成功的道路上，便会有你的身影。

司马迁，从幼年时便开始漫游，走遍黄河、长江流域，为《史记》汇集了大量的社会素材、历史素材，奠定了我国历史巨著《史记》的基础；德国的伟大诗人、小说家和戏剧家歌德，前后花了60年的时间，搜集了大量的材料，写出了对世界文学界和思想界产生巨大影响的诗剧《浮士德》。

**无论你做些什么，都要以汗水作为成功的代价。**

人活着，就要有点坚持的精神。学业、事业上更是如此。不少青年人为自己怎么也学不出名堂找的借口是自己没天赋，或者认为学习不是自己的事，而是迫于老师的压力、家长的期望。这就大错特错了。虽然个人天分不同，但更重要的是后天因素，是努力，是坚持。坚持是一个你想到就能做到的动力源泉，它是无穷的，只要你想到，就会做到。美国钢铁大王安德鲁·卡内基对柯里商学院的毕业生做演讲时就告诫他们要时时提醒自己："我的位置在最高处。"当然，不是每个人都能做得一样好。但有很多挂在枝头的果子，你只有蹦起来，才能够到。我们还年轻，现在不努力做得最好，还等什么时候呢？

凡事只有甘于寂寞，真正脚踏实地去做，才能把理想落实为行动。成功的果实是辛勤的汗水浇灌在寂寞的根上长成的。果实就意味着付出，意味

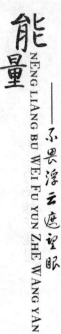

着要吃苦。正如一句西方名言所说:"天下没有免费的午餐",机会也只留给有准备的人。

　　自强,不断地进取,养成坚定执着的个性,并用辛勤的汗水浇灌成功之花。做任何事情,只要有恒心,能够坚持不懈地奋斗就能成就大事。

 心灵悄悄话

　　"要想改变我们的人生,第一步就是要改变我们的心态。只要心态是正确的,我们的世界就会是光明的。"其实人与人之间本身并无太大的区别,真正的区别在于心态,"要么你去驾驭生命,要么生命驾驭你。你的心态决定谁是坐骑,谁是骑师。"

# 第六篇

## 提升自己　扩大影响力

　　影响力,一般认为指的是用一种为别人所乐于接受的方式,改变他人所乐于接受的方式,改变他人的思想和行动的能力。影响力又被解释为战略影响、印象管理、善于表现的能力、目标的说服力以及合作的影响力等。影响力表明了一种试图支配与统帅他人的倾向,从而使一个人才去采取各种劝说、说服甚至是强迫的行动来影响他人的思想、情感或行为。无论是观点的陈述,障碍的扫除,还是矛盾的化解,风险的承担,具备该素质的人都会以愿望或实际行动的方式推动其达成或实现。

# 培养正面性格扩大影响力

人与人相处,有些人虽然话不多,但我们却喜欢和他待在一起,因为他能让你感到轻松愉快;有的人逢人便滔滔不绝,夸夸其谈,这不但不让我们喜欢,反而令我们十分讨厌,总想与之拉开一段距离。有的公司员工与管理者精诚团结,公司搞得红红火火,员工尊敬自己的公司领导,情愿鞍前马后效劳;有的公司,员工、管理者工作不积极,互相有矛盾,人心涣散,致使工作无法开展。出现这些不同情况的原因是什么呢?

主要就是人的素质修养问题。

有时我们确实感觉得到,有一种人,无论出现在哪儿,都立即成为众人瞩目的核心,即使他们不言语,就那么站着或坐着,也带给人一种特别的感觉和深刻的印象,甚至还能令人毫无保留地对他产生信任感。

影响力与外貌漂亮与否并没有什么关系。关键是看你能否通过你的面部表情、形体动作、语言等展示你迷人的个性气质。真正能打动人的是气质,而不是外貌的漂亮。

在实际生活中,有的人精神抖擞,情感丰富,口若悬河,表情自如,显示出超人的才干和影响力,博得了听众的喜爱和青睐;有的人窘迫不安,语无伦次,面部表情麻木,手足不知如何放置,让人大失所望。

每一个人都具有一种理想的自我形象,这就是心理学上所说的"理想的自己"。"理想的自己"往往被赋予很高的价值。尽管这些人来自不同地方,成长在不同环境,各自具有不同的自我形象,但他们的"理想的自己"也许具有一些共同点,如仪表的俊美、丰富的情感、敏捷的思维、畅达的语言,等等,而且都希望给对方留下亲切善良、聪慧正直、才学渊博的印象。所有这些,都要求自然而不做作,随和而又机敏,由此所透露出来的权威感会产生一种无形的影响力,一点一滴地注入对方的心田,在他们的心里产生连锁反应,使对方在不知不觉中被吸引、被征服。

因此,思想、行动与感情构成了影响力的三大基石。所以,若要从具体的方面来改变你的影响力,增强个人的吸引力,你应该在思想、行动与感情方面进行努力。你的外在表现,也就是你影响力的特征,主要不是由当时当地的环境决定的,而是由你的内在创造的。你能否改变自己也主要不是由于别人是否对你进行了批评,而是你自己本身是否想改变自己。所以是你的思想创造了你本身,使你成为今天这个样子的。

影响力是别人对你的看法。他们通过你的外在表现、你的行动与思想,对你产生了喜欢以至某种带有神秘色彩的感情。影响力本身是一种感情。而别人对你的感情是与你对他们的感情高度相关的。如果你的感情特征是积极的、友善的、温和的、宽容的,那么你往往影响力大增;反之你就会成为一个没有影响力的人。

那么,什么样的人是富有影响力的人呢?什么样的性格造就影响力呢?西方心理学界提出了一种说法,称为"令人愉悦的个性"。如果你拥有令人愉悦的个性,你往往会使自己的影响力大增。

并非所有的性格都是令人愉悦的,有很多性格令大部分人感到没有影响力。比如人们一般不喜欢消极的、极端化的性格特征,人们对报复性的、敌意的性格特征更是感到厌恶,一般人们都喜欢富有热情的、积极向上的、友善的、亲切温和的、宽容大度的、富有感染力的性格。所以,如果你能够培养起为大部分人所喜欢的正面性格,你的影响力就大大增加了。

心灵悄悄话

在面对心理低谷之时,有的人向现实妥协,放弃了自己的理想和追求;有的人没有低头认输,他们不停审视自己的人生,分析自己的错误,勇于面对,从而走出困境,继续追求自己的梦想。

# 你的能量决定了你的影响力

## 良好的教养很重要

现代社会人人都在推销自己,影响别人,形象便是个人的商标。要想成功地推销自己,影响别人,就要把自己包装成名牌,必须拥有良好的教养。

吴坤是一家公司的业务经理,小伙子人长得帅,文雅得体,再加上一身笔挺的西服更衬得他成熟、有档次。无论是多么棘手的业务,只要他一出面就马上成功。

吴坤刚来公司时和一般人一样,都是从普通的业务员做起,每天出入于写字楼和高档宾馆做业务,几个月下来却一件业务也没有做成。他无论如何都没有想到,是自身教养和形象问题影响了他业务的开展。

吴坤应聘到公司时,公司统一发了一套西服,但需交服装押金300元,他刚毕业,这是第一份工作,手头比较紧张,而且他嫌西服过于正式,干脆就不穿西服。吴坤平时喜欢穿休闲装,他觉得,一个男人穿着讲究的西服,却骑着一辆自行车,简直不伦不类,所以,上门谈业务时,他没有按公司的要求,而是一如既往的一身休闲装,同时,也不太在乎客户的感觉,说话大大咧咧的,行为举止显得十分不雅。

一天,当吴坤敲开一家客户的门时,女主人在门缝里对他说:"你来晚了!我丈夫带着孩子到河边去了。你到那里去找他吧。"吴坤一听,就显得特别不高兴,这种情绪马上反映在脸上,他刚想发挥口才,但门已关上了。

当吴坤扫兴地走下台阶时,一个女孩儿冲他打招呼:"嗨,能陪我打一会儿网球吗？"

反正业务也吹了，有漂亮女孩儿陪也好解闷。吴坤与女孩儿打了三局，女孩对他的球技非常欣赏。谈话中，吴坤告诉她自己是某公司的业务员，运气不好，一直未能说服客户。

女孩儿问吴坤："你平时也是这副表情，也穿休闲装与客户谈业务吗？"他点点头。女孩儿背起球拍对吴坤说："只有在网球场上我才理你。如果你是这样的脸色和行为举止以及这身打扮到我家谈业务，我才不会理你！"

真是这样的吗？第二天，吴坤换上一套西服，礼貌地再次敲响客户的门。这次还真的成功了，简直不可思议！从此，他开始注重自己的仪表装束。他的业务进展很快，一年后当上了部门经理。

吴坤做业务，推销的是自己。推销自己首先要影响别人。只有用自身的教养和形象打动他人、影响他人，才能成功做好业务。一前一后，两相对比，我们发现教养和形象对个人影响力的作用是巨大的，有好的教养和形象别人就认可你、接纳你，也愿意与你合作，相反，别人是不敢接近你的，又何谈影响别人呢？所以塑造非权力影响力，千万不能忽略形象问题。

**教养和形象，并不是一句话、一个简单的穿衣和外表长相的概念，而是一个人的全面素质在行动中的展示。**教养和形象的内容包含得太丰富了，它包括你的穿着、言行、举止、修养、生活方式、知识层次、家庭出身、你住在哪里、开什么车、和什么人交朋友等，它们清楚地为你下定义：你的社会位置、你如何生活、你是否有发展前途……教养和形象的综合性和复杂性，为我们塑造成功的影响力提供了很大的回旋空间。

## 良好的外表增强影响力

**西方有句俗语：**"你就是你所穿的！"这也是人类无法改变的天性。在远古时代，服装最基本的功能是御寒，遮裸是它作为文明的标志。在有了阶级的社会里，尤其在现代社会，它的最大功能是自我展示和表现成就的工具。这也是为什么很多成功人士不惜花费大量的时间和金钱选择那些能让他们展现出最好风姿和成就的服装。服装在无声地传递你的信息,告诉人们你的社会影响力、个性、职业、收入、教养、品位、发展前途等。

在美国的一次形象设计的调查中,76%的人根据外表判断人,60%的人认为外表和服装反映了一个人的社会影响力。毫无疑问,服装在视觉上传递你所属的社会阶层的信息,它也能够帮助人们建立自己的社会地位。在大部分社交场所,你要看起来就属于这个阶层的人,就必须穿得像这个阶层的人。正因为如此,很多豪华高贵的服装,虽然价格高得惊人,却不乏出手不眨眼的消费者。人们把优秀的服装与优质的人、不菲的收入、高贵的社会身份、一定的权威、高雅的文化品位等相关联,穿着出色、昂贵、高质地的服装就意味着影响力不小。

中国某投资银行的老总在谈到服装的重要性时讲:"当我要裁人时,我就先从穿着最差的人开始。"这位老总是以自己的亲身体验认识到服装对事业的影响力。20世纪90年代初他曾在意大利作为中资的负责人,与意大利金融界人士交往,但每次都感到别人对自己的奇异眼光。直到有一位直率、热诚的意大利朋友告诉他:"你的服装、领带、皮鞋、手表都告诉我们你不属于金融界。"他感到羞愧万分,这并不仅仅是为了自己的无知,而是他深深地感到自己没能够完美地展现自己所代表的国家和银行的影响力。民族自尊心受到了强烈刺激的他,开始了一场彻底地改头换面的"再生"。他请意大利的各方朋友帮他提高对时尚及服装的认识,最后请意大利的形象顾问为他全面设计,从此他再也不为自己的穿戴而焦虑。这位老总在香港任职期间,设立了严格的着装条例。他甚至要求所有职员只有在自己的桌前才能够脱掉西服上装,一旦离开自己的桌子,必须穿着西服的上装,以展示银行庄重、稳固、传统、可信的形象和影响力。

着装的成功与否决定了你在各种社交场所得到的待遇是友好还是敌意,即使你是去商店里买东西,得体的装束也能够让你得到良好的服务。但是,服装的这种微妙的功能却常常被人忽视。某代表团在伦敦参观一家大银行时,一位代表团成员由于穿着运动衣和旅游鞋,被门卫误认为是混入队伍的难民而被拦住,尽管翻译一再解释,但门卫还是未让他进入银行参观。在英美的金融界,即使是一个清洁工,也不能穿着随便地去上班,连银行的门卫都是西服革履,更何况那些高级职员?

一位电视台的记者长期与有影响力的企业的老板们接触。他在了解了西方的商务形象知识之后,开始对自己的采访对象进行细致的观察。他发现:"绝大多数人不按照国际商业化的标准穿着,即使是在有媒体报道的大型商务活动场所。在一次国产葡萄酒的品酒会上,到会的只有少数几位老板穿着西装,只有他们的出现还能让人相信这是一个红葡萄酒品酒会。大多数到会的葡萄酒厂的大老板们穿着随便,或者胡乱搭配。他们的外表很难让人相信他们是葡萄酒厂的老板。品酒会是高雅的社交活动。我以为,葡萄酒厂老板们的穿着应该不同于白酒厂的老板们。"

事实上,并不是穿着西服革履你就可以步入有影响力的人士的阶层。西服与西服之间还有着天壤之别,西服的面料、样式、裁剪、色彩、是否合体等,把两个穿着不同西服的人划入了不同的阶级。从这些得知,没有良好的外表就没有影响力。

 心灵悄悄话

心态是人真正的主人。改变心态,就是改变人生。有什么样的心态,就会有什么样的人生。要想改变我们的人生,其第一步就是要改变我们的心态。只要心态是正确的,我们的世界也会是光明的。

# 让你的潜在资本更充足

## 好形象是人生的一种潜在影响力

**古代哲人穆格发说:"良好的形象是美丽生活的代言人,是我们走向更高阶梯的扶手,是进入爱的神圣殿堂的敲门砖。"**

同是人生,有人潇洒,人见人爱,有人却哀叹自己满腹才学,无人赏识;有人展现真我,活出精彩,也有人却怨苍天无眼,命运不济。为什么同样的人生,却有着不同的境遇、不同的结果呢?

生活经验告诉我们,每个人都想追求完美的人生,但很少有人真正去注意自己在社会交往中的形象。这种形象不仅仅是仪容仪表的刻意修饰,更是温文的性格、积极的心态、文雅的修养带给人的影响力。

一个注意形象并自觉保持好形象的人,总能在人群中得到信任,总能在逆境中得到帮助,也必定能在人生的旅途中不断找到发挥才干的机会,最终做到时刻用自己的风采魅力影响别人,活出真正精彩的人生。

所以,好形象是人生的一种资本,充分利用它不仅能给你的日常生活添色加彩,更有助于提升你的影响力。

宋庆龄女士是全世界公认的伟大女性。她除了拥有崇高的品质、高尚的人格外,还具有美好的仪表形象。

美国作家艾斯蒂·希恩曾在作品里这样描写她:"她雍容高贵,却又那么朴实无华,堪称稳重端庄。在欧洲的王子和公主中,尤其年龄较长者的身上,偶尔也能看到同样的影响力。但对这些人而言,这显然是终生培养训练的结果,而孙夫人的雍容华贵与众不同,这主要是一种内在的影响力。它发自内心,而不是伪装出来的。她的胆略见识之高,人所罕见,从而能使她在紧要关头镇定自若,同时,端庄、忠诚和胆识又使她具有一种根本的力量,这种力量能够消除人们由于她的外表而产生的那种柔弱羞怯的印象,使她具有坚毅的英雄主义的影响力。"

领导者具有好形象,除了展示个人的气质风度外,更有助于提升自己的影响力。形象是人生的一种潜在影响力,宋庆龄女士的一生就印证了这个观点。

由于我们都是这个世界上独一无二的人,所以我们每个人的形象,无论好坏,也都是充满着独特影响力的。因此,形象是每个人向世界展示自我的窗口,向社会宣传自我的广告,向别人介绍自我的名片。别人从我们的形象中获取对我们的印象,而这个印象又影响着他们对我们的态度和行为。同时,每个人都在这个最基本的互动过程中追逐着自己人生的梦想,实现着生命的价值。

同时,良好的形象有助于增进人际关系,营造和谐气氛,令你在社会中左右逢源,无往不胜,从而促进你的成功。

红顶商人胡雪岩有一次面临生意上的一个很大危机。他在上海新开张的商行遭到当地商人的联合挤兑,不久就波及了大本营杭州。一些大客户生怕胡雪岩垮台,闻风而动,都准备中止和他的生意往来。

这天胡雪岩从上海回来了,他们悄悄躲在暗处观看,估计会看到胡雪岩灰头土脸的样子。结果他们失望了,他们却看到了个衣着鲜亮、精神抖擞的胡雪岩。

他们还不放心,又跟踪胡雪岩到他的商行去。他们认为胡雪岩会暂停生意进行整顿。可是胡雪岩的商行不仅没有关闭,而且他还亲自坐镇,在柜台上悠然自得地喝起茶来。这一下子令他们糊涂了,一个人遭受这么大的打击,竟然还能够如此的镇定从容?最终,胡雪岩的气度征服了他们,他们又对胡雪岩恢复了信心。

其实,当时胡雪岩的处境已是山穷水尽,就是凭他那坚如磐石的好形象,才稳住了糟糕的局面。

**有人说:"形象是一个人的招牌,坏形象会毁了你的一生,而好形象会令你的影响力迅速提升。"**

这句话一点不错,尤其在今天竞争日益激烈的社会里,每个人都承受着巨大的压力,同时又被利益驱使着,犹如急流中团团旋转的浮萍。而在此时此刻,如果我们能静下心来,认真地树立起自己的好形象,那就好比给自己的人生打造了一块金招牌,能令你在风高浪险的生命历程中从容地经营人生,从容地成就人生。

　　每个人都应该明白:好形象如果能够充分运用,将有助于提高你的影响力,促进你的成功。

## 拥有适合自己的形象

　　初次见面的时候,人们通常以第一印象来判断一个人的素质。一个人的形象是形成第一印象最基本的因素。我们经常跟初次见面的人说其长得像某某演员,第一次见到长得相像的母女,会说她俩是一个模子刻出来的,这些都是第一印象的体现。

　　要想成为有影响力的人必须知道,你的形象是能够使人记住你的另一种"名片",所以,做好形象管理是非常重要的。毋庸置疑,你的人生轨迹将随着你塑造的形象的改变而改变。下面以美国前总统克林顿的形象管理为例来说明一下。

　　克林顿先生在学生时代曾经作为优秀学生的代表,有幸在白宫受到过肯尼迪总统的接见。这件事情成为小克林顿展望未来并立下宏图大志的最好契机。肯尼迪的风度和影响力给了他很大的触动。幼时的他就暗暗下决心:自己将来一定要做到像肯尼迪那样成功,也会站在总统的位置上。后来,克林顿成了总统以后确实常常在模仿着肯尼迪塑造的标志性形象,并在自己身上不断开发着成功的总统形象,他是在有意识地借鉴自己所尊敬的人物形象并努力把它变为自己的特征。

　　即使后来经历了闹得满城风雨的性丑闻事件,他还是很快重新受到了大多数民众的支持。虽然这在很大程度上归功于他推动了美国经济发展的政绩,但另一方面也证明了他的形象管理是非常具有影响力的,从他卸任总统之后聘请他做形象代言人的企业越来越多这点亦可看出,民众对他的影响力是普遍赞赏的。

另外，有些人不顾世界和自己地位的变化，依然我行我素地固守着自己一成不变的形象。这样的人显然都比较固执，往往是某种保守观念的卫道士，他们很难适应新的环境，因而总是显得不合时宜，大多数情况下他们不可能成为一个有影响力的人，同时与成功无缘。

美国的另一位前总统，拥有世界知名的花生农场的卡特，他当选前一直与农夫们一起过着简朴而平民化的生活。当美国人民正好需要一位平易近人的总统时，卡特就被人民推到了总统的位置上。

 心灵悄悄话

"人活着就是为了解决困难。这才是生命的意义，也是生命的内容。逃避不是办法，知难而上注注是解决问题的最好手段。"在所有成功路上折磨你的，背后都隐藏着激励你奋发向上的动机。换句话说，想要成功的人，都必须懂得知道如何将别人对自己的折磨，转化成一种让自己克服挫折的磨炼，这样的磨炼让未成功的人成长、茁壮。

# 凸显你的能量影响力

## 震撼人心的影响力

俄国大文豪列夫·托尔斯泰在一次舞会上遇到了普希金的女儿玛丽亚·普希金娜。她的美貌使托尔斯泰万分惊叹。他向别人打听那女子是谁,别人告诉他,那是普希金的女儿。托尔斯泰拖长了声音赞叹道:"你瞧她脑后的阿拉伯式的卷发,真是美丽至极。"

普希金娜的魅力给托尔斯泰留下了极其深刻的印象。在 10 多年以后,托尔斯泰在写作其名著《安娜·卡列尼娜》时,女主人公安娜的外貌原形,就是普希金娜。刹那间的魅力感受,能在托尔斯泰的脑中"储存"10 多年之久,这确实是不可思议的。

这就是影响力的第一个特征,即直觉性。它或者是由于影响力主体即人具有强烈感人的形象特点,或者是由于影响力主体的社会内容,十分鲜明地积淀在它的外在形式上,欣赏者只要通过对影响力主体外在形式的直观,就可以一下子领略到它的魅力,而不必通过正常的审美逻辑过程进行审美判断。影响力的实现犹如电闪雷鸣一般。

**一般来说,影响力程度和感受影响力的客观环境,决定着影响力在欣赏者心目中存留时间的长短。震撼人心的影响力,具有刻骨铭心的作用,使人永世不忘。**

安娜与渥伦斯基的相遇是在列车的门口。这特定的魅力环境,四目相视,双方都被对方的魅力吸引住了。渥伦斯基被安娜那迷人的风姿和富有表情的眼睛吸引，以致感到非得多看她几眼不可；而安娜也被渥伦斯基这个美男子吸引住，感受到一种从未有过的激情的袭击，像是要被车门口欢乐呼啸的暴风雪带走似的，她不禁用手紧紧抓住了冰冷的车扶手。在后来安娜和渥伦斯基的爱情发展中，他们初次感受魅力的环境，那种电闪雷鸣般的灵魂激荡，始终盘旋在脑际。

一见钟情是一种直觉性的影响力的感受，同时，由一见钟情产生的单相思就是一方对另一方产生直觉性影响力的感受。

在上海的一次青年演讲会上，一个男青年在会上做了充满激情的发言。他以洪亮的男中音、论证的逻辑性、潇洒犀利的话锋，赢得了全场长时间的热烈掌声。

当他走下讲台时，一个姑娘递给他一张条子，约他面晤，毫不掩饰地表达了对他的爱慕。虽然才听了他一次讲演，但他的容颜、姿态、风度、气质已深深地刻在她的心上，这是一方对另一方影响感受直觉性的一个例证。一方的一见钟情如果得不到对方的响应与认可，就会变成恋爱中的"单相思"，陷入痴恋的境地而不可自拔。

一见钟情能否导致美满幸福的爱情？新一代的青年人对此是怎么想的？

上海纺织系统曾对某公司所属 6 个厂家的部分已婚或正在筹办婚事的青年进行了抽样调查，发现初恋时属于一见钟情式的影响感受型，或基本上是一见钟情魅力感受型的占 3%，这个比例甚至超出了婚姻介绍所的结婚成功率。这些人几乎都有这样的看法：第一次见到，就觉得这是自己要找的人。这个印象能一直保持到结婚。

直觉感受到的这种影响力能否持久，这取决于对方与理想情人的吻合程度，双方对对方感受的审美经验，及双方的审美观、伦理观、人生观、价值观、世界观等多种因素，同时还取决于在今后的共同生活中，双方能否继续保持和创造影响力。

## 微笑拉近人与人之间的距离

"笑如沐浴春风中,人犹桃花因风醉"。笑是人间最美的表情,是人际关系中最好的润滑剂,是极富影响力的社交武器。拥有如沐春风的微笑胜过千言万语。

在日常生活中,如果你所遇到的人,整天紧绷着脸,没有快乐和笑容,那就如同置身于荒漠中看不到绿洲一样单调乏味。而一个人如果能在交往中自然地造成一种和谐融洽的气氛,并慷慨地把自己的快乐和温馨带给相遇的人,那他一定会具有很大的影响力,在社交中立于不败之地。

在这个世界上,人人都希望别人喜爱自己、尊重自己、对自己友好,而微笑就是你对人对己的唯一选择。因为微笑能拉近人与人之间的距离,能融化人与人之间的坚冰,能消除已经产生的矛盾或仇怨。在一定程度上,微笑是生活中人人都不会拒收的礼物。

俗话说得好,"笑一笑,十年少"。人们的微笑就像荡漾在人际交往间的春风,笑口常开,春风常在。

第一,微笑是人类的本能。尤其是在社交场合,笑具有对应性。真诚的微笑是识友交友的见面礼,是闪烁在人际交往十字路口常明的绿灯。有一副对联写得好:"眼前一笑皆知己,举座全无碍目人。"可见笑在重要场合的非凡影响力。

第二,微笑是一笔财富。世界著名的希尔顿饭店创始人康拉德说:"如果我的旅馆只有一流客房,而缺乏一流微笑服务的话,那就像一家永不见温暖阳光的旅馆,又有何快乐情绪可言呢?"因此,国外许多公司或者企业的经理,在员工的选择方面,都把笑容可掬放在一个重要的位置上。

纽约一家证券公司的负责人脾气火暴,待人比较刻板,以至于影响到他的下属,大家都对他敬而远之,而顾客对他的公司也有意回避。在经营不善的情况下,他去一家咨询公司讨教,领回的锦囊妙计竟是微笑。于是他从自身做起,脱胎换骨,无论早晚,也不分是在门口或在电梯中,遇到顾客或普通的员工,先满面笑容,然后再和人打招呼、谈工作。令他始料不及的是,上行下效,整个公司的人际关系都发生了改变,凝聚力增强了,营业额上升了。微笑给他带来的不仅是好人缘和影响力,还有丰厚的利益回报。

第三,微笑是事业的风帆。对于公关人员来说,先笑赢三分。你办事是否顺畅,在很大程度上,也取决于你会不会笑。

真诚的微笑会使人与人之间感到亲近。一位同事向你微笑,你会不还一个微笑吗?一来一往,无形间就缩短了两个人的社交距离。倘若遇到的是一张"哭丧脸"或"死人脸",你会打心眼里厌恶,绝对不会喜欢和这种人打交道的。

世界语言千百种,笑却是世界上通用的,而且是最受欢迎的语言。一个发自内心的笑容可以拉近人和人之间的距离。它是一种良性循环,因为我们的笑,我们和朋友亲近了,人缘变好了,自然而然心情愉快,更可以在朋友的笑容里重拾我们的自信心,无形中散发出吸引人的影响力。

笑,是心情愉快的表现,也是"善意"的表情,具有穿透人心的力量;不吝啬笑颜,你将能感受左右逢源、处事逍遥的喜悦。微笑、快乐的笑、幸福的笑、开心的笑,都是充满善意、好感的表现,以及无价之宝般的"颜施"。笑口常开,你将拥有无比的影响力。

微笑并不是天生就有的,它可以通过调整自己的心态和练习来获取。布莱格的私人秘书有着勤恳、忠厚、敬业的优良品德,由于个人生活的挫折,她的脸上挂着让人心情沉重、忧郁的乌云。每当看到那张阴郁的脸,布莱格都感到心情无法开朗起来。它不但影响着布莱格的情绪和思维,而且还压抑着心灵力量的源泉。最后,布莱格不得不忠告她:"每天练习10分钟的笑。"强迫微笑的结果改变了秘书的心态,不久她就习惯性地从内心笑起来,布莱格终于看到了一副让他舒心的笑容。

心理学家发现,笑和兴奋的情绪一样能刺激大脑的快速思维,启用还未被使用的脑区,因而有助于拓展思路和自由联想、提高影响力。更重要的是,笑能让人头脑清醒,让人心胸宽阔,从而认识、包容复杂的局面和人际关系。笑也影响着情绪的状态,在做计划或决策时,只要人的心情好,态度也会积极乐观,因而做出的决定也充满希望。

笑还能提高人的记忆力,因为人的记忆力随心理状态而波动,愉快的心理,会容易让你记住很多事。研究证明,一分钟的笑能产生45分钟的放松作用。生活在幸福中的人最大的特色就是他们总是那么轻松、愉悦,他们总是笑容满面。

精彩的人生是在挫折中造就的。挫折是一个人的炼金石。许多挫折注注是好的开始。你只要按照自己的禀赋发展自我,不断地超越心灵的绊马索,你就会发现自己生命中的太阳熠熠闪耀着光彩!

# 超凡魅力让你影响力倍增

## 好的修养无声提升你的影响力

有些人的穿戴和外表包装是一流的,可是他的行为、举止和修养却不能反映他外表的质量。有很多人把形象设计的概念理解为外表包装和视觉感官上的提升,而根本不注重自身内在的修养,这不是形象设计的全部内容。形象设计的包装是简单的,而提高和改善人的修养和内在内容却是全面的、长期的、复杂的、深刻的。个人的修养包含自身文化素质的提高、情操的升华,它还包括对人类心理的理解,对人们行为动机的理解和对基本人性、人格、社会、文化等的理解,以及对此做出的相应反应。它需要你有能力理解他人的心理反应,预测产生的结果及你的行为可能会留下什么样的后果。**有人说:"只有琢磨墨香之后,才能成为真正的人。"**当你有了优雅的举止,会让你从平凡中脱颖而出,与此同时,你的影响力也会随之提升。

有很多事情看起来和书上讲的礼仪、礼貌好像没有太大的关系,似乎是一件无足挂齿的小事,但是,这些并不引人注目的小节却反映了一个人的修养。没有修养的举止会摧毁生活中的一些快乐,彻底改变人们对你毫无瑕疵的外表的看法。劳格娅从香港总公司到北京分公司出差,在国贸大厦里等电梯。待电梯停下,她正要进门,一个头发油亮、穿着西服的男人一个箭步抢到她的前面。等进了电梯,她看清楚了,那是一个外表英俊的男人,他坦然、自信,根本不知道他的举动给人留下了什么印象。劳格娅说:"如果没有这个猴子般的举动,我会认为他是一个有影响力的男人。但是我真为他的外表可惜,为他作为一个穿西装的男人而可怜。"今天,劳格娅已经定居中国，在现代化的大厦里工作，她对于这种现象已经是司空见惯、习以为常。她说："过去出门时，我以为前面的男士会像海外的绅士一样为我开门，结果我常常被门撞到鼻子。现在我已经培养起了绅士的风度，习惯地为在身后的男士拉开门，不过，我很少得到'谢谢'的回报。"

很多有影响力的男士会认为，这看起来是一个无关紧要的细节，却让人上纲上线到"修养"的问题上，未免有些小题大做了。但是，仔细想一想，我们生活中大部分的快乐都是通过有修养的行为得到回报的。我们每时每刻都在从内心里判断、评价一个人。陌生人的一个微笑、一句真诚的感谢，立刻会赢得我们由衷的赞赏："真有修养，真懂得礼貌。"同样的道理，无论你是什么人，你在做什么，每一个场合，每一分钟，只要有人存在，你的一举一动、一言一行都在表现着自己的修养。人们根据你的举动来判断："他是不是有修养和影响力？"其结果再简单不过了：有修养和影响力，人们就喜欢你；没有修养和影响力，人们就厌恶你。

在任何场合下，不要以为穿戴得如同世界名牌大会战就能够表现出卓越的修养，就能够展现出迷人的形象。优秀的外表包装能够引人注目，但是，相应的举止和修养才真正让我们脱颖而出！然而，很多外表"卓越不凡"的人的举止却对不起他昂贵的外表，他们留给别人的印象并不是杰出的外表、有修养的举止，而是自私的、缺乏教养的、让人反感和憎恶的低劣举动。

修养常常不表现在大事上，而是反映在那些你从来都漫不经心的小节上。你以为没人在意，但是这只是自己在掩耳盗铃。

修养体现在我们的一举一动之中，有标准的社交举止的人并不一定就有修养。这让很多有影响力的人很困惑，一些人幼稚地以为尖锐、强悍、威力的做事方法就会获得别人的重视和尊重，"据理力争""得理不饶人""痛打落水狗"的行为和咄咄逼人、气势汹汹的态度，并不会强化你的影响力。

在文明社会里，一个优雅高尚让人尊重的形象，绝不会来自强暴、争斗、金钱的堆积和权力的掌握。因而，有人总结道："有钱买不来影响力。"宽容、大度、得理依然饶人的处世态度，比你懂得如何欣赏战国时代的古董更让人尊重。

到底什么才是优雅的、有修养的举止呢？

有很多人把彬彬有礼和矫揉造作混为一谈。对于很多没有良好内在修养的人来说，刻意地寻求优雅的举止，确实会显得装腔作势、东施效颦。修养其实是一种忘我的境界,在这个境界中,你自然、朴实无华的举止会处处流露出高雅。真正良好的修养并不是体现在外表上,人们只看见一个有教养的人举止高雅,却没有看到内在的实质。

有修养的举止,是利用外在的一举一动来传达我们内心对别人的尊重和影响力的一种方式。它源于对事理、人情的通达。有修养的举止能够影响到我们的外表。修养的培养来自不断地实践和观察,就像其他良好的习惯一样,要养成这样的影响力,你要不断地去实践。

## 从细节中提高影响力

在人际交往中,提高影响力是最好的一种途径,但也有许多的细节值得注意,从细节中提高影响力。

**人际交往中的细节:**

(1)有一双干净修长的手,修剪整齐的指甲。

(2)在公共场所不吸烟。

(3)每天换衬衫,保持领口和袖口的平整和清洁,有的还会使用袖扣。

(4)腰间不悬挂物品,诸如手机、钥匙,等等。

(5)在与女士相处时,不放过每一个细节以对女士加以照顾,并且几乎在下意识的状态下进行,以形成习惯。

(6)在吃饭时从不发出声音。

(7)较常人更为频繁地使用礼貌用语。

(8)偏爱孤独,寻求宁静的心灵、安静的肉体及激情的冥想。

(9)喜怒不形于色,在人群中独自沉默。

在人际交往中容易露出的破绽:

(1)手形清洁美观,可是一旦进入需要脱鞋的房间,空气中就会产生一种异样气味。

(2)戴名牌手表时,手腕显得"飞扬跋扈"。

(3)虽然每天换衬衫,但总是系着同一条领带。

(4)在公共场合常常大声对着手机说话,在剧院里听任自己的手机铃声响起。

（5）对女士尊重异常，但是在与同性朋友相处时反差过大，判若两人。

（6）吃饭时不发出声音，但喝汤时却引人侧目。

（7）虽然较常人使用礼貌用语更为频繁，但是频繁到了令人起疑的程度。

（8）偏爱孤独到了怕见生人的程度。

礼仪要适度：

（1）要塑造良好的交际形象，必须讲究礼貌礼节，为此，就必须注意你的行为举止。举止礼仪是自我心诚的表现，一个人的外在举止行动可直接表明他的态度。

要做到彬彬有礼、落落大方，遵守一般的进退礼节，尽量避免各种不礼貌、不文明习惯。

（2）到顾客办公室或家中访问，进门之前先按门铃或轻轻敲门，然后站在门口等候。按门铃或敲门的时间不要过长，无人或未经主人允许，不要擅自进入室内。

（3）要注意在顾客面前的行为举止。

当看见顾客时，应该点头微笑致礼，如无事先预约应先向顾客表示歉意，然后再说明来意。同时要主动向在场的人都表示问候或点头示意。

在顾客家中，未经邀请，不能参观住房，即使较为熟悉的，也不要任意抚摸或玩弄顾客桌上的东西，更不能玩顾客名片，不要触动室内的书籍、花草及其他陈设物品。

在别人（主人）未坐定之前，不宜先坐下，坐姿要端正，身体微往前倾，不要跷"二郎腿"。

要用积极的态度和温和的语气与顾客谈话，顾客谈话时，要认真听，回答时，以"是"为先。眼睛看着对方，不断注意对方的神情。

站立时，上身要稳定，双手安放两侧，不要背手，也不要双手抱在胸前，身子不要侧歪在一边。当主人起身或离席时，应同时起立示意。当与顾客初次见面或告辞时，要不卑不亢、不慌不忙，举止得体、有礼有节。

要养成良好的习惯，克服各种不雅举止。

需要说明一点的是：女性在他人面前化妆是男士最讨厌的。关于这一点，惯例放宽了。女性在餐馆就餐后，让人见到补口红，轻轻补粉，谁也不再大惊小怪。不过,也只能就这么一点,不能太过分。需要梳头,磨指甲,或者用毛刷涂口红化妆时,一定到化妆室或盥洗室进行。在他人面前修容,是女性让男性最气恼的一个习惯。同样,在他人面前整理头发、衣服,照镜子等行为应该尽量节制。

 **心灵悄悄话**

> 人生的道路上,我们每个人都不可避免地面对各种风险与挑战,结果有成功,也有失败。不过,人生的胜利不在于一时的得失,而是在于谁是最后的胜利者。没有走到生命的尽头,我们谁也无法说我们到底是成功了还是失败了。所以我们在生命的任何阶段都不能泄气,要满怀希望!

# 第七篇

## 拥有打破常规的正能量

"创新思维"一词近年来成为使用率非常高的词汇之一,在我们的生活和工作中被广泛应用。可以说,你身体里的创新因子活跃与否,直接关系到你的能量强弱。谁具有创新思想,谁就可以引领潮流,成为某一行业或领域的领导者,谁就能够拥有强大的能量。爱因斯坦指出:"创新思维只是一种新颖而有价值的、非传统的,具有高度机动性和坚持性,而且能清楚地勾画和解决问题的思维能力。"在塑造创新思维的过程中大脑能否高速运转,将会起到非常重要的作用。

# 永远做个有想法的人

## 创新的根本是突破

创新不是对过去的简单重复和再现，它没有现成的经验可借鉴，也没有现成的方法可套用，它是在没有任何经验的情况下努力探索的结果，其目标是为未来开辟一条新路。所以说，创新力是一种对现状的突破力。

通常情况下，人们按照自己的常规思路，经历了千万次的试验，可能也没有取得成功，而有时候在某一方面作出某些改变，反而轻易取得了成功，其原因就是这些改变当中包含着意想不到的创造性。因此，当你处于"山重水复疑无路"的境况时，不妨试着勇于打破常规，突破现状，这样很有可能会"柳暗花明又一村"。

古代人穿的衣服上的扣子不仅多，而且难扣，这对在农业时代有大量多余时间的人来说没什么；而对工业化时代，尤其是快速运作的信息化时代的人来说，就显得有些累赘了。

扣子的问题急需改进，于是有人开始思索着寻求突破和改变了。

1893 年，美国芝加哥市有个叫贾德森的工程师，他嫌穿鞋时系鞋带麻烦，就在两条布边上镶嵌一个个门形的金属粒子，再利用一个两端开口、前大后小的元件，让它骑在金属牙上，通过它的滑动使两边的金属牙啮合在一起，从而发明了"滑动系牢物"。人们把这一发明叫"可移动的扣子"。但是，贾德森发明的可移动的扣子存在着一些严重的缺点，如闭合不妥帖，易自动爆开，故用途不大。

20年后，瑞典工程师纳逊德在贾德森的基础上进行突破，经过不断创新和改进，终于使正式的"拉链"诞生了。拉链很快在世界上广泛流行起来。衣裤、背包、裙子、鞋子、枕套、沙发垫、公文包、笔记本……众多物品都用上了拉链。詹金斯医生还发明了"皮肤拉链缝合术"。今天，拉链的用途还在进一步扩展。

没有改变就不会有进步，没有对现状的突破也就谈不上创新力的发挥。创新的过程就是不断地突破一个又一个难关的过程。

假如公司陷入困局，作为公司的一员，是被动待命，还是主动请缨？相信一个不墨守成规、敢于突破常规的员工一定会调动所有的创新潜能，积极思考、出谋划策，帮助公司摆脱困境，突破现状。这种善于在工作中创新的人往往能独当一面，给企业带来无限生机。

约翰·里德对于花旗银行就是如此。

1965年约翰·里德从麻省理工学院毕业后进入了花旗银行。不久，时任花旗银行总裁的威斯顿召见了他，并说："我们需要一个最好的财务系统和预算系统，这个任务就交给你了。"

约翰·里德进行了大量的研究，在以前的财务系统和预算系统的基础上进行了很多创新性的改动。最后，他这个非常具有创意和远见的新系统得到总裁的肯定和称赞。

后来，花旗银行出现了亏损。于是约翰·里德自告奋勇，担任一个部门的负责人。上任后，他立即对内部进行了整顿。

他解散了以前的后勤部，重新组建了一个由几十位年轻的工业自动化专家组成的后勤部。接着，他对客户银行进行了整顿，把花旗客户银行变成了当时世界上第一家大规模使用高级计算机传呼机的银行。

他这一系列的创新给花旗银行带来了无限生机和活力，并且收到了很好的成效。

在约翰·里德担任客户银行负责人时，市场上刚有了信用卡，里德就将它大胆引进。虽然有一段时间由于利率上升而导致亏损，但里德并没有放弃。

最后，事实证明他的这个改革和创意是卓有成效的，其不仅给企业带来了蓬勃的生机,而且使花旗银行每年的营业收入和利润都能保持良好的水平。

约翰·里德一次次的创新让花旗银行走出了困境并找到了新的盈利点,同时也给他的人生带来了活力。凭借创新的翅膀,约翰·里德登上了花旗银行首席执行官的宝座。

约翰·里德无疑是一个充满创新力的人,他一次次带领公司突破现状。当这些突破力构成强大的创新力时,他的公司也逐步走向了辉煌。

事实一再证明,富有创新精神的人都是不安于现状的人,他们敢于冒着风险和压力冲破层层障碍。当他们突破现状、取得创新的胜利时,他们的人生才会熠熠生辉;他们所供职的企业才会独占鳌头,成为市场的佼佼者。

## 创新缔造进步,创新成就超越

有个人写了一首歌,但一直得不到赏识,无法发表。柯亨买下它,在它的基础上加了点东西,使无人问津的歌曲成为当时最风行的流行歌曲。他加上的东西仅仅是3个词:"HIP, HIP, HOORAY"(嗨!嗨!万岁!)。但就是这3个表示欢乐的词改变了这首歌曲的命运,柯亨小小的创新超越了原作者,取得了出乎意料的成功。

在贝尔之前,有许多人声称他们发明了电话。那些取得了优先专利权的人中,有格雷、爱迪生、多尔拜尔、麦克多那夫、万戴尔威和雷斯。其中,雷斯是唯一接近成功的人,而造成巨大差异的微小差别是一个单独的螺钉。雷斯不知道,如果他把一个螺钉转动1/4周,把间歇电流转换为等幅电流,那么他早就成功了。

贝尔创造性地将螺钉转动1/4周,保持了电路畅通,并把间歇电流转换成了再生人类语言唯一的电流形式——等幅电流。雷斯没有坚持下去,即使他已经取得了很大的成功,但那还不是创新。而贝尔没有停止研究的步伐,超越再超越,结果创新了人类的通话方式。

超越就像把别人已搁置的99℃的热水烧到100℃,虽然仅是1℃的差别，但就是这 1℃ 实现了质的飞跃。这种超越就是一种创举，就是创新力的体现。

所以，如果你站在成功的门槛上不能超越过去，那么就努力加上一点创新，突破原有的局限，这样便可实现超越。

我国民族汽车正是通过不断创新实现不断超越的。

2006 年 6 月 26 日，中国第一台自主品牌涡轮增压汽油发动机华晨 1.8T 在沈阳正式投产，华晨汽车再次成为业界关注的焦点。

中国民族汽车工业如何自主创新？自主品牌的强盛之路到底应该怎么走？这是一个曾经困扰中国汽车界多年的问题。

从诞生之日起就肩扛高起点自主创新大旗的华晨汽车，10 多年间的风雨坎坷一度让业内外对其战略路径充满怀疑甚至不乏种种责难。

时至今日，随着华晨尊驰、骏捷挟"品质革命"在中高级轿车市场上的强势推进，"金杯"品牌在商务车市场连续 10 年以超过 50% 的份额几乎成为一个行业代名词。

金杯旗下的阁瑞斯在 MPV 领域发展迅猛，以及"国内一流，国际同步" 1.8T 发动机的横空出世，华晨汽车品质、品牌、技术的全面突破，让一切争议变得无谓，诸种责难化为钦羡。因为，自主之路没有捷径，高起点创新终将超越一切。

在整车开发取得不断突破之后，华晨以非凡的魄力将创新的目光聚焦在少人问津的发动机领域，并锁定在最具挑战性的涡轮增压汽油发动机技术上。"中国的汽车产业要是没有核心技术，就会一辈子让别人掐着脖子，被别人左右。掌握不了最核心的发动机技术，民族汽车工业始终只能是浮华空论。

发动机技术是制约中国汽车产业参与国际竞争的短板，华晨要做的，就是要用高起点自主创新来补上这个短板，让华晨汽车这个自主品牌装上中国人自己的涡轮发动机，成为真正'根正苗红'的自主品牌"。

华晨的发动机研发起步就与世界同步。它联手国际内燃机三大权威研发机构之一的德国 FEV 发动机技术公司，经过三年潜心砥砺，拥有独立知识产权的 1.8T 发动机于 2006 年 6 月 26 日正式投产。华晨 1.8T 发动机的推出，改变了汽车"中国心"孱弱的历史，标志着中国汽车迎来了"强擎时代"，开始与国际巨头争夺产业"制空权"。

不断创新，不断超越，敢于与国际巨头并驾齐驱，这就是华晨成功之所在。

创新缔造进步，创新成就超越。我们只有激流勇进、独辟蹊径，才能把创新力转化为超越能力，从而获得成功。

心灵悄悄话

凤凰涅槃而重生，正是因为经历了强烈的痛苦，然后才有着震撼人心的美丽。一个人的成功并不是偶然的，他是踩着无数的失败和痛苦走过来的，别人看到的只是他今天的光辉和荣耀。只有他自己知道，在他通注成功的路人，有着被荆棘扎破的斑斑血迹。

# 创新让你实力更强

## 创新力让你更具竞争优势

有时候,你会发现,别人拥有某些条件,自己也拥有相同的条件,但自己总是竞争不过对手。细心观察一下,你是否发现自己缺少一种叫作"创新力"的东西?

20多年前,北京的餐厅刮起了一股"洋风",很多新建或改建的餐厅,都用大量外汇进口材料搞室内装修,似乎只有这样才能招揽顾客。但是有一家叫"独一居"的餐厅却偏不赶时髦,而是独辟蹊径,用扇贝壳、海草、斗笠、剪纸等小物件装饰出一座具有民族文化情趣的高档餐厅,受到中外顾客的热烈赞扬。艺术家刘海粟、吴作人等也慕名前来观赏,并欣然留墨。

这家以经营海鲜菜肴为主的山东风味餐厅,在店堂风格设计上据说颇费了一番脑筋。有一次,餐厅经理到外地谈业务,晚上在海边散步时,看到一些小吃店"渔村味"很浓,让人感到在这里休息观海就像进入了海的世界。于是,这位经理心想:"独一居"是以经营海鲜菜肴为主的餐厅,如果把店堂装饰成颇具"海味海趣",让顾客就餐时仿佛进入了海滨渔村,感受到的不是生疏的窘迫,而是具有浓浓人情味的中国民族文化风格,那该多好!

想到就要做到:餐厅拱门的造型,像破浪前进的两条渔船船首;临街的四扇落地窗户玻璃上贴着民间剪纸,窗帘则是山东蓝印花布制成的;在壁柜上,摆放着民间雕塑等工艺品;每张餐桌上方的天花板下,分别垂着一串串塑料葡萄或葫芦。更令人叫绝的是,吊灯灯罩是用渔民所戴的大檐斗笠做成的。在这里就餐,能让人感受到大海的自然情调。

1985 年 5 月"独一居"落成,被吸引来的外国顾客对餐厅的设计装饰赞不绝口,纷纷拍照留念。"独一居"餐厅在装饰上敢于以"独"取胜,既吸引人,又起到了很好的广告效应,这无疑增加了签厅的竞争力。

创新是竞争的一种武器,创新力就是竞争力。21 世纪,各行各业的竞争越来越激烈,要想在残酷的竞争中取得主动权,唯一的途径就是不断创新,将创新力转化成竞争力。创新力影响着企业的生存与发展,创新力决定着企业的竞争力。

在一座名城的大街上同时住着 3 个不错的裁缝。因为彼此离得太近,所以生意上的竞争非常激烈。为了能够压倒对方,吸引更多的顾客,裁缝们纷纷在门口的招牌上做文章。

一天,一个裁缝在门前的招牌上写上"本城最好的裁缝",结果吸引了许多顾客光临。

看到这种情况,另一个裁缝也不甘示弱。第二天,他在门口挂出了"全国最好的裁缝"的招牌,结果同样招揽了不少顾客。

第三个裁缝非常苦恼:前两个裁缝挂出的招牌吸引走了大部分的顾客,如果不能想出一个更好的办法,很可能就要成为"生意最差的裁缝"了。但是,什么词可以超过"本城和全国"呢? 如果挂出"全世界最好的裁缝"的招牌,无疑会让别人感觉到虚假,也会遭到同行的讥讽。到底应该怎么办? 正当他愁眉不展的时候,儿子放学回来了。当他知道父亲发愁的原因以后,他给父亲出了一个令其拍案叫绝的主意。

第三天,前两个裁缝站在街道上等着看他们同行的笑话,但事情似乎超出了他们的意料。因为,很快,第三个裁缝的门前挂出了一个更加吸引人的招牌,上面写着"本街道最好的裁缝"。

在竞争日趋激烈的今天,要想成功就需要借助创新的思维方式。在上面的故事中,面对他人提出的全城和全国的"大气",裁缝的儿子转了一个方向,利用街道的"小"来做文章,最终赢得了竞争的胜利。因为在全城或者全国,他不一定是最好的,但在街道的这个特定区域里,只有他是最好的,也是唯一的。

　　社会的变化是快速的，优胜劣汰的规则是无情的。要想在竞争中免于被吞噬，要想在竞争中独占鳌头，处于不败之地，就要逼着自己不断地创新，努力提升自身的创新力。因为，创新力就是竞争力。

 心灵悄悄话

　　每个人对成功的理解是不一样的：有人需要家庭的幸福；有人期盼生活上的富足；有人则渴望事业上能大有作为，得到社会和业界的认可。无论哪一种意义上的成功，都有一点是共同的，那就是：没有哪个人随随便便就能获得成功，成功者自有其成功之道。

# 会创新让你登峰造极

## 创新力的四大基石

　　一个人要成功，自身必须具备很多能力，而创新力是人的能力中最重要、最宝贵、层次最高的一种能力。它与人自身的其他能力存在着千丝万缕的联系，其中，思考力、观察力、想象力及多元思维能力和它的联系尤为紧密，它们是创新力的四大基石。

　　思考力是创新力的核心，它可以引爆创新潜能。人是靠思考解决一切问题的。法国思想家帕斯卡曾经说过："人不过是一株芦苇，是自然界中最脆弱的东西。可是，人是会思考的。要想压倒人，世界万物并不需要武装起来。一缕气，一滴水，都能置人于死地。但是，即便世界万物将人压倒了，人还是比世界万物高出一筹，因为人知道自己会死，也知道世界万物在哪些方面胜过了自己，而世界万物则一无所知。"

　　因为思考，牛顿从苹果的下落发现了万有引力定律；因为思考，莱特兄弟发明了可以像小鸟一样自由飞翔的飞机；因为勤于思考，人们解决了科学和生活中的很多问题；因为独立思考，创新的机会无处不在；因为创新性思考，人们创造了无数奇迹。

　　观察力是创新力的左右手。一个人的一生当中要从外界获得大量信息，据统计，其中75%以上是靠观察摄取的。爱因斯坦、阿基米德、达尔文等众多科学家无一不具有非凡的观察力。可以说，没有他们善于观察的双眼，就没有他们的创新成就。

　　观察力在科学研究、创新发明中十分重要。"观察，观察，再观察。"这是苏联科学家巴甫洛夫的名言。法国百科全书派领袖狄德罗认为,科学研究主要有三种方法:第一是对自然的观察,第二是思考,第三是试验。由此可见,观察是创新的常用方法。

法国人若利一次不小心将一瓶松节油打翻,洒到衣服上。事后他通过观察发现,衣服不但没有留下污迹,连上面原有的油污也清除掉了。顿悟的他马上开了一家店,利用干洗法洗涤衣服。当干洗店遍及世界时,他早已赚足了钱。

**想象力是提升创新力的风帆。**

心理学家认为,人脑有4个功能部位:一是以外部世界为对象接受感觉的感受区,二是将这些感觉收集、整理起来的贮存区,三是评价收到的新信息的判断区,四是按新的方式将旧信息整合起来的想象区。只善于运用贮存区和判断区的功能,而不善于运用想象区功能的人不善于创新。据心理学家研究,一般人只用了想象区的15%,其余的还处于"冬眠"状态。这就告诉我们想要唤醒"冬眠"区域的沉睡状态,就要从培养想象力入手。

**想象力是人类意识不断推陈出新的创造能力。**

在思维过程中,如果没有想象的参与,思考就会发生困难。爱因斯坦说过:"想象力比知识更重要,因为知识是有限的,而想象力概括着世界的一切,推动着进步,并且是知识进步的源泉。"爱因斯坦的"狭义相对论"就是从他幼时幻想人跟着光线跑,并能努力赶上它开始的。世界上第一架飞机就是从人们幻想造出飞鸟的翅膀而开始的。想象不仅能引导我们发现新事物,而且还能激发我们不断地进行新的探索和创新劳动。

多元思维能力是一种举一反三、触类旁通的思维创新力。它能帮助我们跳出狭隘的思维框架,开阔我们的思路,为我们解决问题提供多种有效的方案。在日常生活和工作中,我们可以适当地"放纵"自己的思路,运用多元思维,把自己从严格的"必然性"中解放出来去面对无限的"可能性",充分发挥多元思维能力,能让创意层出不穷。

当然,这四大能力并不是独立存在的,而是相互联系的。在进行创造性活动中,我们要充分调动这4大能力,做到边思考、边观察,进行必要的想象和多元思维,把它们有效地结合起来。只有做到这些,我们才能迈好提升创新力的第一步。

## 摆脱思维定式的影响

创新意识是与创新有关的一切思维与活动的起点，它是指创造的愿望、意图等思想观念。创新意识较强的人不仅能时时、处处、事事想到创新，更可贵的是他能将创新的原理与技巧化作个人的内在习惯，变成一种自觉行为，进而永葆创造的欲望与勇气。创新意识既是创新的原点，也是创新的前提。

创新意识的形成往往会受到人们思维定式的影响。

心理学认为，定式是心理活动的一种准备状态，是过去的感知影响当前的感知的现象。比如，让一个人连续多次看两个大小不等的球，再让他看两个同样大小的球，他会感知为不相等。

在现实生活中，我们会遇到形形色色的问题。当我们长期处于某个环境，多次重复某一活动或反复思考同类问题时，头脑中会形成一种思维习惯，这就是我们所说的思维定式。当再次碰到同类问题时，我们的思维活动会自然而然地受这种思维定式的支配。因此，思维定式可以理解为过去的思维对当前思维的影响。

思维定式对人们平时思考问题有很多好处，它能使思考者在处理同类或相似问题时省去许多摸索、试探的思考步骤，不走或少走弯路，做到举一反三、触类旁通，从而大大缩短思考时间，提高思考效率。正是因为有了思维定式，大脑才能驾轻就熟，将问题处理得井井有条。可以这样说，不管是家庭琐事还是国家大事，离开了思维定式都将寸步难行。思维定式可以帮助我们解决99％甚至更多的问题。但是思维定式也有很多弊端。

在处理剩下1％需要创新的问题时，思维定式就无能为力了。因为在进行创新思考时，无论面对的是新问题还是老问题，都需要有新的思考程序和思考步骤。所以，思维定式有时会妨碍我们创新。

阿西莫夫是美籍俄国人，世界著名的科普作家。他曾经讲过这样一个关于自己的故事：

阿西莫夫从小就很聪明,在年轻时多次参加"智商测试",得分总在160左右,属于"天赋极高"之列。有一次,他遇到一位汽车修理工,是他的老熟人。修理工对阿西莫夫说:"嗨,博士!我出一道思考题来考考你的智力,看你能不能回答正确。"

阿西莫夫点头同意。修理工便开始说思考题:"有一位聋哑人,想买几根钉子,就来到五金商店,对售货员做了这样一个手势:左手食指立在柜台上,右手握拳做出敲击的样子。售货员见状,先给他拿来一把锤子,聋哑人摇摇头。售货员明白了,他想买的是钉子。聋哑人买好钉子,刚走出商店,接着进来一位盲人。这位盲人想买一把剪刀,请问:盲人将会怎样做?"

阿西莫夫顺口答道:"盲人肯定会这样——"他伸出食指和中指,做出剪刀的形状。听了阿西莫夫的回答,汽车修理工开心地笑起来:"哈哈,答错了吧!盲人想买剪刀,只需要开口说'我买剪刀'就行了,他干吗要做手势呀?"

并不是阿西莫夫不聪明,而是他跳入了"思维枷锁"之中,被定式所困。可见,人的思维一旦形成了定式,就很难有所创新,有所发展。思维定式就像一副有色眼镜,戴上它,看到的整个世界都是同一颜色。所以在创新的时候,我们要把这副"思维的眼镜"摘下来,敢于突破思维定式,去想别人所未想、做别人所未做的事情。

思维定式的突破往往伴随着创新。思维定式主要包括从众定式、权威定式、经验定式和书本定式。在创新的过程中,我们要敢于跳出这几种思维定式的拘囿,形成一种创新没有年龄界限、不受专业限制、不分资历高下、没有自然区别、创新无止境的自觉意识。做好这些,我们就能坚定地踏上创新力提升的第二阶梯。

**心灵悄悄话**

"即使遭遇了人间最大的不幸,能够解决一切困难的前提是——活着。只有活着,才有希望。无论多么痛苦、多么悲伤,只要能够努力地活下去,一切都会好起来。"

# 第八篇

## 人生自信　天地豁然

你是否听到过人们这样评价一个他敬佩的人：他看起来安静祥和，给人一种自然舒适的感觉，在财富和利益的诱惑面前，他能坚守自己做人的原则。这样的人是生活中真正自信的人。

你是否想拥有这样的习惯？你是否想成为像他们一样的人？答案是不言而喻的。让自己成为一个自信的人也是很容易的，因为，自信不是与生俱来的，也不是只有超强能力的人才拥有的。只要架起一座通往自信的桥梁，只要持之以恒，克服光说不练的习惯，任何人都可以拥有自信。

# 自信让你获得美满人生

## 深度解析自信

　　自信的人相信自己能够取得成功，并确信自己有能力去应付任何棘手的问题，而不会被任何困难和挫折所击倒。

　　有社交自信的人敢于独自参加某个没有一个熟人的大型聚会，并且相信自己会过得很开心。因为他认为："我能够与人友好相处，也善于与陌生人交谈。"正是因为有着这样的态度，即便最初碰到一些困难，也不能阻止他前进的脚步，他更不会因为困难而中途放弃。他会热情大方地与人交谈，直到最后找到一个与自己谈得来的人为止。

　　对自己的工作有信心的人会以一种愉悦兴奋的心情接受一项艰难的任务："我不知道该如何去完成这项任务，但我希望工作中有这样的机会去迎接新的挑战。"在工作中出现错误或遇到问题时，他总会积极地总结经验并尝试不同的方法，坚信自己能够战胜困难。

　　在遇到困难时，你只要像他们一样坚信自己能行，你就能做得更好，你就能成功。

　　如若你没有自信，你不但会说自己不行，你还会用行为证明自己确实不行。比如，你觉得自己英文口语能力不行，当公司有外国客人来需要你接待时，你便会在内心暗示自己："我永远不会流利说英语，我肯定要犯错误！"结果你在接待客人的时候就真的出了错，说话磕磕绊绊，这更加证实了你对自己的看法。于是，在以后的日子再遇到类似的情况时，你就放弃尝试，转而让你认为能够胜任的人代劳。在这里，你没有把犯错误和遭受挫折看成提升自己的机会,而是把它们当成了放弃学习的借口。

从以上的事例中可以看出,信心的力量是巨大的——如果你认为自己能赢,并坚信自己的想法,那么你就一定能赢;如果你认为你会被挫折击倒,你就会真的被打倒;如果你认为自己会失败,你就肯定会失败。正如法国存在主义大师、拒绝接受诺贝尔奖的萨特说的那样:"一个人想成为什么样的人,他就会成为什么样的人。"你就因为缺乏自信而成了一个失败的人。

那么,自信到底是什么呢?自信就是自己相信自己。

自信对一个人来说是非常重要的,因为一个人如果自己都不相信自己,别人就更不可能相信他。

当受到外界的压力或不被外界承认的时候,比如公司上司指责你:"这个事情怎么做成了这样?"而实际上,你已经在客观条件允许的情况下尽最大能力做到了最好。此时,面对上司的指责,你是对自己的能力表示怀疑,还是表现得很自信。请相信,如果这时候你表现得很不自信,那么你的上司更加会坚信自己的判断是正确的。

**自信是一种心态,是一种看待世界的方式,是一种生活态度。**如果人的生命中只剩下一个柠檬了,没有自信的人会说我完了,什么都没有了,然后他就开始怨天尤人,抱怨这个世界,让自己沉浸在自卑自叹的可怜境地中。有自信的人则会说:"太好了,我还有一个柠檬!"进而他会考虑:"我怎样才能用一个柠檬改善我的生活呢,我怎样才能把这个柠檬做成柠檬汁呢?"

从自信的表现形式看,它通常具有 3 个层面的含义,即对自己能力的信任、非能力的信任和潜能力的信任。

### 能力自信

自己能做的事情,就相信自己一定能做到,勇于将自己的能力体现出来,该表现自己的时候就要表现。这种自信能使你保证不受周围的环境的影响,正常而充分地发挥自己的能力,做好能力范围之内的事情。

### 非能力自信

自己不能做的事情,就是不能做,坦然接受这一现实,不会觉得不能做就是自己能力不行。比如,你是跳水高手,就没有必要因为自己举重不行而自卑。非能力自信是能力自信的保证,你如果有了能力自信,又有了非能力自信,就会充分地展示自己的能力。

金无足赤,人无完人。没有人能够做好世界上所有的事情,但是,人在社会中,总会有人对你所不能做的事情进行这样或那样的评价,甚至是恶意中伤。所以,你一定要避免这些负面评价对你的影响,不要让这些非能力之事导致自己对自己能力的不信任。非能力的不自信会导致对整个事情的不自信,很容易导致失败。

**潜能力的自信**

人的潜力巨大,有时并不被自己所认识。比如,有些事本来是你认为自己没有能力做好的,但是当你遭遇到困境的时候,你就会下意识地为之拼搏、努力,结果你的确做得很好。所以,在任何情况下,人都要相信自己的潜能力,你相信了,就能做到,这就是潜能力自信。

人与人之间的区别很小,只是有人敢做、有人敢说、有人敢想,而你不敢。其实,别人能做到的事情只要你敢去做,你也能做到,也能做好,所以你一定要对自己有信心。

相信自己有能力做好的事情,心安理得、心平气和地去做,这是自信;相信自己没有能力做好,就不去做,不做仍然能够心安理得,这也是自信。所以要懂得自信的含义,有一个良好的心态:对能力所及的事情,坚信自己能够做好;对能力不能及的事情,也坦然接受。这是需要我们培养的自信习惯。

生活中,我们常会接触到一些缺乏自信的人,这些人在某些方面往往非常优秀——有的人精通厨艺,有些人擅长园艺,有些人做事精益求精,细致认真,有些人很受孩子们的爱戴,但是,他们都对自己身上这些难得的优点视而不见,反而把注意力集中在自身的弱点上。结果,他们因为看不到自己的优点而生活在悲观中,他们的生活就失去了平衡。

自信的人正和他们相反,自信的人通常会把精力集中在他们自认为最擅长和最有把握的地方,并以此来弥补其他方面的不足或缺憾。拥有自信力的人自然就比不自信的人快乐和成功。

拿破仑·希尔说:"信心是'不可能'这一毒素的解药。"这位励志大师的言外之意无非是说:有了自信就没有什么是不可能的了。信心的力量是惊人的,它可以改变恶劣的现状,造成令人难以置信的圆满结局。有自信力的人是永远打不倒的,他们是永远的胜利者。

*汤姆·邓普西生下来只有半只左脚和一只畸形的右手。但他的父母亲*

經常這樣告訴他："湯姆，其他男孩能做的事情你都能做到。為什麼不能呢？你沒有比任何人差勁的地方，任何孩子可以做的事情，你一樣可以做到。"因此，鄧普西從來沒有因為自己殘疾而感到不安，也沒有絲毫的憂慮，他相信父母的話是正確的。結果，他能做到所有健全的男孩子所能做的事：如果童子軍團行軍10千米，湯姆也可以同樣走完10千米。

後來他玩橄欖球，他發現，和他一起玩的那些男孩子踢球都不如他，他能把球踢得比他們遠多了。於是，他請人專門為他定做了一雙鞋子，參加了踢球測試。

但教練卻委婉地告訴他，他不具有做職業橄欖球員的條件，並盡量勸他去試試其他的行業。他只好申請進入新奧爾良聖徒隊，並請求教練給他一次機會。教練雖然心存懷疑，但看到他對自己充滿了信心，對他有了好感，就抱著試試看的態度收下了他。

兩個星期後，教練對他的好感加深了，完全改變了最初對他的看法，因為他在一次友誼賽中踢出了55碼遠的好成績並為本隊得了分。他獲得了聖徒隊職業球員的身份，而且在那一季中他為球隊踢得了99分的好成績。

那天，球場上坐滿了6萬多球迷。比賽只剩下了最後幾分鐘，聖徒隊已經把球推進到了45碼線上。"湯姆·鄧普西，進場踢球！"教練大聲對他說。當湯姆走進場的時候，他知道他所在的隊距離得分線有55碼遠，他只有踢出63碼遠，才能為本隊得分。但在正式比賽中踢得最遠的記錄是55碼。湯姆閉上眼睛對自己說：我一定能行！

6萬多球迷屏住呼吸觀看。球傳接得很好，鄧普西全力踢在球身上。球筆直前進，在球門橫杆之上幾英寸的地方越過。球迷狂呼高叫，為這最遠的一球興奮不已。

他所在的球隊以19比17獲勝。

"真是難以相信！"有人大聲叫道。這居然是只有半只左腳和一只畸形右手的球員踢出來的。但湯姆只是微微一笑，因為他想起了父母，他們一直告訴他，他能做什麼，而不是他不能做什麼。正如他自己所說的："我從來不知道我有什麼不能做的，他們從來沒有這樣告訴過我。"

可見，事物本身並不影響人，人們只受自己對事物的看法的影響。不是因為有些事情難以做到，使你失去了自信，而是因為你失去了自信，有些事情才显得难以做到。如果你有足够的自信力，那么你所发挥出来的力量将会使你大吃一惊。所以，每一个人都要树立自信，要提升自己的自信力，要相信自己。即使自己一时不被这个世界接受，依然要积极地把自己融入这个世界中去，不断地改善自己，坚信自己最终会被世界接受。

人生来没有什么局限，无论男人还是女人，每个人的内心都有一个沉睡的巨人。不要贬低自我，因为我们每一个人都有力量变得更加强大。

自信——就是要从点滴的进步开始。

自信——就要正视自己的缺点并勇于改正。

自信——就要为自己鼓掌，为自己喝彩，为自己加油。

自信——就是要勇敢地面对失败与挫折，百折不挠。

自信——就要信任自己，对自身发展充满希望。

自信是一种态度，它让你勇敢地面对一切，快乐地接受一切，让你为了梦想而奋斗着，幸福地活着。

## 自信者善于改变自己

有个小男孩头戴球帽，手里拿着球棒与棒球，全副武装地走到自家后院。"我是世界最伟大的击球员。"他信心十足地喊道，然后便把球往空中一扔，用力挥棒，却没有打中。他毫不气馁，继续将球捡起来，又往空中一扔，然后再大喊一声："我是世界上最厉害的击球员。"他再次挥棒，可是仍然落空。他愣了一愣，然后自信地将自己的球棒与棒球检查了一遍。之后又第三次把球向空中一扔，这次仍然充满信心对自己喊道："我是最为杰出的击球员。"可惜他还是没有打中。

"哇！"他突然跳了起来，"我真是一流的投手。"

心态一变，世界就变，这就是一念之差导致的天壤之别。人与人之间只有很小的差异，但这很小的差异却往往造成了巨大的差异！很小的差异就是看你所具备的心态是积极的还是消极的，巨大的差异就是成功与失败。

在推销员中广为流传着这样一个故事：两个欧洲人到非洲某个地方去推销皮鞋。由于非洲炎热，当地人都是不穿鞋子的。第一个推销员看到非洲人都不穿鞋子，立刻失望起来："这些人都不穿鞋子，怎么会要我的鞋呢？"于是放弃努力，沮丧地回去了。另一个推销员看到非洲人都没有穿鞋子，惊喜万分："这些人都没有皮鞋穿，这里将有很大的市场，他们一定需要我的鞋子。"于是他想方设法告诉非洲人穿鞋子的好处，引导他们购买皮鞋，最后发了大财而回。

同样是非洲市场，同样面对不穿鞋子的非洲人，由于一念之差，一个人灰心失望，不战而败；而另一个人满怀信心，大获全胜。

你改变不了环境，却可以改变自己；你改变不了事实，却可以改变态度；你改变不了过去，却可以改变现在；你不能左右天气，却可以改变心情；你不能选择容貌，却可以展现笑容。一个人能够成功的关键还在于他的心态。成功者与失败者的差异是：失败者遇到困难，总是挑选倒退之路。"我不行了，到此为止吧。条条大路通罗马，我就换一条路吧。"结果陷入了失败的深渊。失败者总是怪罪于机遇、环境的不公，强调外在、不可控制的因素造成了他们的不成功，他们总是抱怨、等待与放弃！

成功者与失败者一个最大的差别就是一个是自信的人，一个是不自信的人。自信的人拥有的心态自然是成功者的心态，积极的心态可以帮助自信的人培养让自己更加自信的习惯。

不管你自不自信，如果你想成功，就永远都不要听信从不自信的人口中说出的消极悲观的话，因为他们不但会给自己也会给别人消极的暗示：这不可能，这太难了。因为，在他们眼里根本不可能会有机会，所以即使出现好的机会，他们也看不见，抓不住。甚至他们还会把机会看作一种障碍、一种麻烦。这些人不但自己不去抓机会，还用他们的消极的言论让周围的人也放弃尝试。

外界言论对人的行为会产生影响，如果一个人听到的总是充满力量的话语，则会对他的行为产生积极的影响，反之，就会有消极的影响。所以，如果要保持积极、乐观的心态，当有人告诉你不能做到时，你就要变成"聋子"，对此充耳不闻！同时要不断地告诉自己：我一定能做到！我一定要成功！

当我们开始运用积极的心态把自己看成一个自信力超强的人时，我们就开始自信了。正像成功学大师卡耐基所说："一个对自己内心有完全支配能力的人，对他自己有权获得的任何东西也会有支配能力。"

谁想变成自信的人，谁要收获成功的人生，谁就要做个好农夫——不仅仅要播种下积极乐观的种子，还要不断给这些种子浇水，给幼苗施肥。随着你的不断行动与心态的日益积极，你就会慢慢获得美满人生的感觉，你就会信心日增，从而成为一个更加自信的人。

心灵悄悄话

> 如果说，人生是一本书，那遗憾就是一串串省略号，空白之处，蕴含着深刻的哲理！生命赋予我们每一个人都是单程车票，我们活着就有自己的高尚和卑劣，就要享受生命的欢乐和烦恼。

# 培养你的自信力

## 身心合一，获得自信

美国著名女舞蹈家、美国现代舞的创始人玛撒·格雷厄姆说："运动最能展示自我。"这话说得对，因为一个人的心态将会影响他的体态，通过他的外在的体态，人们可以看出他的心态；并且他的体态同样可以影响到他的思想，影响到他的心态。看到一个人步伐轻快地走来，你就会想到这是一个快乐的人；一个弯着腰低着头慢慢行走的人，假如这样的人不是一位年老多病的人，而是一位青壮年，你会想他一定是个沮丧的人。因为人们的行动展示了人们的内心状态，内心的沮丧或快乐都可以通过外在行动表现出来。这一切都说明人的外在行为表现可以反映出人的内心世界。

那么，通过锻炼自己的行为方式是否可以增强内心的力量呢？当然可以。因为它们的作用是相互的。如果你把自己的身心集中于某一点，将会产生巨大的力量，你会感觉自己的整个身心都变得强大起来。日本合气道就注重心灵的训练以求身心统一的境界。合气道的创始人植芝盛平这样说："好技巧的关键是保持你的手、脚、臀部挺直并把你全身的力量集中于此。如果你的身心集中，你便可行动自如。腹部是你身体的中心；如果你的思想也可以集中于此，你将可以通过此力战胜对手，获得成功。"总而言之，就是避免锻炼者力气之间的冲突，而寻求锻炼者之间力气合一，身心合一，故曰"合气"。

很多年前，在一个健康博览会的武术展区，一个身材矮小、其貌不扬的男人说：合气道是一种自我防御的武术，要点就是把全部精力集中在身体上，利用对手的反击力量进行反击，是一种不战而胜的武术。

他见听者不是很理解，就当场演示给大家看。开始，他让一个观众轻轻推他。因为他比那个观众矮了将近10厘米，所以，那个观众毫不费力地就推动了他。

然后，他笑了笑说："现在你再推我一次。"那个观众照做了，但是这次不同了——他根本纹丝不动。他让那个观众再用力些，用尽全力，但他还是像树桩一样立在那里，一动不动。

他又笑着说："让你的朋友帮助你一起推。"几个观众一起使出了吃奶的力气，他还是一动不动。甚至当大家一边呻吟一边徒然地推着他时，这个小个子男人还可以沉着冷静地回答着旁人的问题。

最后，大家实在没有力气了，无奈地选择了放弃。围观者问他是怎样做到这一点的。他解释说当我们把注意力都集中到身体的中心——小腹上时，身心都会变得强大。

随后，他让大家回想让自己感到有压力的一件事或一个人，然后，他说："忘记你周围的人和环境，把自己的注意力都集中在腹部的位置。"大家按照他所说的试了试，将自己的注意力直接集中到腹部。他用力推实验者的肩膀，然而被推者却几乎感觉不到。被推者不仅感到身体更加强壮，还觉得自己十分的沉着冷静。当他再让大家想那件让自己感到有压力的事时，大家纷纷说："我不再觉得有压力了，我觉得自己变得很强大，也很有信心。"

通过这样的练习，你也同样可以变得强大自信起来。在做今天的练习之前，我们先试试下面的小实验。

设想在你的脊背上有一条绳子，有人在你的脑后轻轻地把这条绳子向后拉，使你的身体变得越来越挺拔。再设想一下你的头顶上同样系有一根绳子，感觉有人在向上拉绳子，而你的头也不自觉地抬了起来，向前方看。

接下来的几天，以这种新的方式练习你的坐姿以及走路的姿态。通过这个简单的小小改变，你的身体将会向你传达一种全新的信念，昂着头，挺直胸脯，你就会发现，你向他人展示出的是多么自信的你。做完练习之后，放松你的肌肉，这种新的自信的体态将会成为你的习惯，成为你的优势所在。

下面这个练习是专门为你量身定做、供你学习和掌握的。你可以利用这个练习来面对潜在的困境或压力，或者把它当作一个即时的工具，在需要的时候，马上集中自己的身心，获得真实的自信。

在第一次练习之前如果可以得到他人的相助，将会对你很有好处。如果没有人在你的身边协助，你也不必担心，因为独自一人也完全可以做这个练习。

第一步，起身站立，抬起头来，含胸拔背，两肩自然下垂，将自己的注意力全部集中在一点——肚脐下两三寸的地方，大致就是肚脐与椎骨的中间部位。这一点就是练武之人常说的丹田，是身体的中心，也是储存生命力量的地方。如果这样的练习对你有用，继续下去，请把你一只手放在你腹部的那一点，把自己的手指交叉放置在丹田上，会有效果。你也可以想象有大量的能量从那一点辐射出来。

第二步，现在开始回想一个在你生活中令你担忧或者生气的场景，比如工作出了错，要被老板批评。这么做并非要引起你的恐惧，你可以从相对比较小的事情开始练习。如果有人和你一起做这个练习，让他们轻轻地推动你的肩膀，你会发现此时自己的平衡感很容易就被破坏，因为他们一推，你就站不稳了。

请接着回想刚才的场景，给自己的不适程度从 1 分（处于平静状态）到 10 分（处于发狂状态）打分。

然后，将你的注意力集中到那丹田部位，把手放在丹田上，开始引导自己的思维。如果有人和你一起做这个练习，让他们再次轻轻地推动你的肩膀。你会发现他们很难把你推动，很难破坏你的平衡感，因为你已经将你的注意力集中到了丹田那一点上。

最后，集中那"一点"的注意力，回想刚才的情景，注意不适程度慢慢从 10 分（无论从哪一级开始）递减到 1 分。如果有人和你一起做这个练习，他们可以通过轻轻地推动你的肩膀来控制你的注意力，确保使你把注意力集中在那"一点"上。

一直将你的注意力集中在那"一点"上，直到你回想起那个场景时不再感到不适，你可以利用你的"一点"注意力在脑海中预演让自己达到最佳状态的情景。当你真的处于困境的时候，可以使用你的"一点法"确保自己一直都保持平静，并将自己的注意力集中，使自己有足够的勇气与自信面对困境。

## 培养自信的体态语

　　选择肯定有力的暗示语会增强我们的信心,使我们拥有更积极的想法,我们也会在这种积极的暗示语下有更出色的表现。同样,改变自己的体态也会影响我们的感觉和想法。

　　体态语是我们互相交流的方式之一,它通常是不自觉的、下意识的、非语言的。你的坐姿、站姿、手势或脸部表情以及不经意的小动作就告诉了别人你是怎么看待自己的,以及你是怎样回应他人的。在面对面的交谈中,有65%以上的信息可以通过面部表情和体态语的其他方面来传递。

　　大家一定还记得美国的"水门事件"吧。这个轰动世界的丑闻,导致了竞选胜利获得连任的总统尼克松的下台。当时,全世界的电视台都在播放有关这一事件的新闻,当电视中出现记者采访尼克松的镜头时,尼克松总统一边回答着记者的提问,一边随手抚摸着自己的脸颊、下巴。这些微妙的身体语言是尼克松在"水门事件"爆发前从来不曾有过的。于是,谙熟身体语言的专家们,一眼就看出尼克松的这种自身抚摸的行为,便确信在"水门事件"中尼克松是脱离不了干系的,因为他的身体语言已是一份"不打自招"的"供词"。

　　人的心理和精神状态,无论如何刻意地隐藏,都会在不经意间通过身体的行动毫无保留地暴露出来,会在外表的行动上露出破绽。如果你自我感觉不好,对自己没有信心,你就会通过自身的态语言表现出来。比如,你不自信的时候,一定不希望引起别人的注意,于是就尽量低着头,弓背弯腰。当你走进一个热闹的场合时,你总是急匆匆地悄无声息地进去然后站在角落里或是立即找到一个不太显眼的位置上坐下,四处寻找你所熟悉的人。你的身体给陌生人的感觉就是:"我不认识你,不要靠近我!"

　　与人交谈时,你会用哪些体态语表明你的内心的想法呢? 如果你避开与别人目光的交流,双手紧紧地交叉在胸前站着或是手里紧紧地抓着一个包、一个杯子或一本书什么的,那么你的体态语在告诉别人:你对人不信任、有戒备感、你很不自在、拒绝与人交流。别人看到"全副武装"的你也会很不舒服,因此他们会选择很快离开。或者你为了留住他们而表现得过于热情,身体向前倾,不自觉地向前移动,你的体态语就表现出一种迫不及待的样子,这只会让别人想办法赶快逃走。

于娟在她的婚姻失败以后,很沮丧,每天拿食物发泄,结果她胖了很多。她自己也很烦,觉得自己没有女人味了。她这样说:"我甚至对一个男人还没有了解就认为:'这是多么肤浅的一个人呀——现在不愿意多看我一眼,但当我身体苗条的时候,可能就会盯着我看……'"

男人们确实离她远远的,但是男人们远离她与她自身的胖瘦毫无关系,而是因为她那极富戒备和不可冒犯的身体语言,让她周围的男士不敢接近。原来,平日里于娟的头总是抬得很高,甚至连下巴都向上翘了起来。她经常把一只手叉在腰上,挑衅地、面无表情地看着周围的男士;当他们谈笑风生时,她从不正对着他们,好像他们像洪水猛兽似的。

后来,当她从好友的婚礼录像带上看到自己的模样时大吃一惊。她不相信那个盛气凌人的女人就是她自己,此后,她刻意地改变自己在公共场合的肢体语言,也注意减肥,几个月过去了,她的体重减轻一些,心情也好了很多。经朋友介绍,她结交了一个新的男朋友。当时,她就是和男朋友一起看好友的结婚录像,对方说:"哇,你那个时候怎么了?"她解释说:"我那个时候太胖了。"她的男朋友说:"是吗? 可我指的是你看上去对周围人很不满,心情也非常不好!"他几乎没有注意到她那时过于肥胖,男友还说要是现在的她也像那个时候那样高傲,他肯定是不敢接近她的。她终于明白了,那个时候不是因为自己肥胖那些男人才不愿意接近自己,而是因为自己的体态语反射出的信息让他们不敢接近自己。

体态语可以传递出很多潜在的信息。如果我们用积极的体态语不仅能传递出更积极的信息,还能改变我们的感觉和看待问题的方式。有人做过这样一个实验:让一组学生在一起听演讲,要求一半的学生把两臂交叉抱在胸前(这是一个消极的、封闭的体态语),同时让另一半学生放松,胳膊和腿都不要交叉。结果表明,两臂交叉的学生对演说者的批评很多,他们从演讲中学到的东西也比那些放松的学生要少得多。因为他们的坐姿产生了一种封闭的、戒备而有敌意的状态。

既然体态语可以影响到我们的思维方式，那么我们完全可以通过培养积极的体态语来让我们变得更加积极，更加自信。我们在生活中也见过不少这样的人，他们本身长得并不吸引人，穿着打扮也很一般，但却很有吸引力。他们的共同之处就是自认为自己很有吸引力。这说明：**一个人内心的自信与平和，本身就是一种吸引力。**

　　不一样的体态语，产生了不同的力量。身体的放松能把你的愉快情绪传染给他人，周围人也觉得你是快乐的，人们也乐意与你在一起。反之，身体的紧张也会把紧张的信息传递给大脑，使你更加心神不宁和缺乏信心。所以，你要学会放松自己，培养自信的体态语。

　　你可以先从目不转睛地看着镜子里的自己开始，看你的体态语传递了什么信息？如果你总是低垂着头，或是总是弯着腰，你就要重新训练自己的坐姿和站姿了。注意抬起头来，挺起腰来，双眼平视前方，同时放松自己的肌肉，你会马上感觉到很舒适，也更有力量。

　　你还可以观察并学习那些自信的人，模仿他们的举动。因为真正自信的人到哪里都是魅力四射，一举一动都流露出平和与自信。经过观察，你会发现他们身上都有着积极的体态语：他们迈着轻快的步伐面带微笑进入会场；他们无论是站着还是坐着，身体都是放松而挺直，给人一种自然舒服的感觉；他们微笑着向不认识的人做自我介绍，而不是等着别人来介绍；他们坐着与人谈话时，身体总是微微向前倾，显得很有兴趣……

　　你也可以这样模仿他们，这样你不仅仅会发出更加积极的信息，而且还会有更好的自我感觉。

　　**要培养积极自信的体态语，当然离不开微笑，因为面部表情是最好运用的体态语。**如果眉头紧锁，一脸木然，没有人会说你是一个容易打交道的人。如果你面带微笑，即便你心中未必真有开心的事情，那也可以让你的情绪高涨，给周围人这样一个人信息：我喜欢这样的自己，也喜欢与你在一起。

　　另外，换一种呼吸方式，可以让你变得更加自信。自信、快乐的呼吸是缓慢地深呼吸，把你的手放在肚子上，呼吸的时候能感觉到肚子的膨胀和收缩，深呼吸可以稳定你紧张的情绪，也可以缓解你的压力。每天进行这样的练习，你将不会再感到焦虑，你也就不会有眉头紧锁等类似的消极体态语了。

　　让自己身体的姿势变得更加有信心，更加轻松，在练习的时候，你一定要放松自己的身体，把自己想象成一个信心十足的人，想象一下自己与朋友们在一起进行轻松而愉快的交谈。你很风趣，还很热情。这时候，你脸上的表情是什么样子的？你的眼神是什么样子的？你说话的腔调和声音是什么样子的？

在一个你希望更加自信但实际上不自信的场合，比如在公司的员工大会上，你觉得自己的讲演很失败，这个时候，你可以把你和朋友们在一起的轻松、愉快、自信的情绪带到那个场面中去，回想一下，然后这样问自己：

如果现在是那个场合，你有怎样的站姿？
如果现在是那个场合，你会有怎样的面部表情？
如果现在是那个场合，你会以怎样的腔调说话？

这样练习的次数越多，姿态就越自然，你也会变得更加自信。当然，在你一个人的时候，比如你在商店的橱窗里看到自己的背没有挺直，就马上挺直身体。在你与人交谈的时候，提醒自己一定要面带微笑。充满信心的姿态，不仅仅是为某些特殊场合准备的，而是在你生活的方方面面都要以满怀信心的姿态去做你所应做的任何事情。这样，你会发现，自信的体态语已经成为你身体的一部分，已经成为你生活的一部分了。

·心灵悄悄话·

生命是上天赐予我们的特别礼物，即使陷入了绝望的泥沼中，也应该握住生命中哪怕一点点儿值得赞美的亮色，从而鼓励自己要挺住，别倒下。只要有一线希望，我们就要坚强地活下去，因为活着就会有希望。活着就是希望。活着就有希望。其实，世上没有绝望的处境，只有对处境绝望的人。告诉自己还有希望，因为自己还活着。只要活着，就有实现希望与梦想的机会……

# 若不坚强懦弱给谁看

## 呼唤坚强的精神

有一只名叫巴克的狗。它被人从南方主人家偷出来卖掉,几经周折后来到淘金者中间,成为一条拉雪橇的苦役犬。在残酷的驯服过程中,它意识到了公正与自然的法则,恶劣的生存环境让它学会了狡猾与欺诈。经过残酷的、你死我活的斗争,它终于确立了领头狗的地位。在艰辛的拉雪橇途中,主人几经调换,巴克与最后一位主人结下了难分难舍的深情厚谊。这位主人曾将它从极端繁重的苦役中解救出来,而它又多次营救了主人。最后,在它热爱的主人惨遭不幸后,它便走向了荒野,响应它这一路上多次聆听到的、非常向往的那种野性的呼唤。

这就是杰克·伦敦最负盛名的小说之一《野性的呼唤》中的故事。巴克重返荒野的过程中,充满了野性与人性的角斗,而最终野性占据了主导。作者借此深刻反映了"弱肉强食"的丛林法则,揭示了野性的力量、残酷的生存法则,最终肯定和礼赞的是人性的力量。

狼不是自然界中个头最大、跑得最快、最为凶猛的动物,但它们却是自然界中的强者。这是为什么?

**强者,无论在怎样的恶劣环境下,都可以生存发展。他们的身上,闪烁着一种野性的光芒,不屈不挠、顽强执着,他们不是温室里圈养的温顺小绵羊,而是经历自然磨炼具有坚强品质的狼。**虽然狼没有虎的凶猛、豹的敏捷、狮的威严,但狼却依然不输它们。所谓的强者心态,便是这样一种狼道精神。有人将狼道精神总结为下面几条:

（1）卧薪尝胆。狼不会为了所谓的尊严在自己弱小的时候去攻击比自己强大的敌人。

（2）众志成城。狼如果不得不去攻击比自己强大的敌人，必群起而攻之。

（3）自知之明。狼也想当兽王，但狼知道自己是狼而不是老虎。

（4）顺水推舟。狼知道如何用最小的代价去换取最大的回报。

（5）同进同退。狼虽然通常独自活动，但却是最团结的动物，你不会发现有哪只狼在同伴受伤的时候独自逃走。

（6）知己知彼。狼尊重每一个对手，在每次攻击前都会去了解对手，而不会轻视它，所以狼的攻击很少失误。

（7）授之以渔。狼会在小狼有独立能力的时候坚决离开它，因为狼知道，如果当不成狼，就只能当羊了。

（8）自由可贵。在狼的眼中，自由是最可贵的。它们如果掉入猎人的陷阱，可以咬断自己被夹住的腿，可以把自己弄得浑身是伤，甚至是放弃生命，都要得到自由。因为在它们的信念中，不能被别人掌控，自由是它们的一切。

这些都是狼在自然界称雄所具备的精神。我们要成为生活的强者，就需了解狼道精神的精髓和原则，不断加强自我修炼，呼唤潜埋于我们心中的"野性"。

在这个竞争日益激烈的社会中，越来越多的人呼唤这种"狼道精神"，因为每一个人都是捕食者，同时又是其他人的"猎物"。金钱、地位、权力、爱情……这是所有人都在追求与竞争的目标。当你得到时，别人就失去了一次机会；当别人得到时，你也失去了一次机会。谁都不想失去一次机会，所以竞争变得异常激烈。

成功学大师罗宾说，世间有两种人，他们对待机会的态度各不相同。第一种人是像羊一样的弱者，总是等待机会，机会若不降临，他们就觉得寸步难行；第二种人是像狼一样的强者，总是创造机会。即使机会没有来临，也觉得脚下有千万条路可走。

人的一生是奋斗的一生。如果不去奋斗，生命就失去了意义，人生也缺少了激情。古语有云："若非一番寒彻骨，哪得梅花扑鼻香。"也就是说，不经一番傲霜立雪的搏斗，就无法开出娇艳的花朵。同样的道理，一个人只有不惧挑战,勇于奋斗,具有"狼道"精神,才能走向成功的殿堂!

## 向阿甘学习什么

在 1995 年的第 67 届奥斯卡金像奖最佳影片的角逐中,影片《阿甘正传》一举获得了最佳影片、最佳男主角、最佳导演、最佳改编剧本、最佳剪辑和最佳视觉效果等 6 项大奖。在影片中,阿甘是个智商只有 75 的低能儿。在学校里为了躲避别的孩子的欺侮,听从一个朋友珍妮的话而开始"跑"。他一直以跑躲避别人的捉弄。在中学时,他为了躲避别人而跑进了一所大学的橄榄球场,就这样被破格录取,并成了橄榄球巨星,受到了肯尼迪总统的接见。

大学毕业后,阿甘应征入伍去了越南。在那里,他有了两个朋友:热衷捕虾的布巴和令人敬畏的长官邓·泰勒上尉。

战争结束后,阿甘作为英雄受到了约翰逊总统的接见。在"说到就要做到"这一信条的指引下,阿甘最终闯出了一片属于自己的天空。他结识了许多名人,他告发了"水门事件"的窃听者,他作为美国乒乓球队的一员到了中国,为中美建交立下了功劳。猫王和约翰·列侬这两位音乐巨星也是通过与他的交往,而创作了许多风靡一时的歌曲。最后,他靠捕虾成了一名企业家。为了纪念死去的布巴,他成立了布巴·甘公司,并把公司的一半股份给了布巴的母亲,自己去做一名园丁。他经历了世界风云变幻的各个历史时期,但无论何时,无论何处,无论和谁在一起,他都依然如故,淳朴而善良……

贯穿阿甘一生的,是他的奔跑,无论在何时何地,都不停滞。奔跑给他带来了人生的一个又一个辉煌。

在强者的字典里,没有半途而废这个概念,他们像阿甘一样,不停地"奔跑"。他们对生活中的每件事都认真到底,积极主动地面对各种挑战。在他们成功的字典里,你只会看到"坚持到底,就是胜利""努力,再努力""我从来不计较薪水的多少"等振奋人心的话。

**强者总是用行动来证明他们的一切,他们的言谈举止都表现了他们的实干精神。**他们的语言与行动总是能很好地配合。所以,对那些没有任何行动支持的语言,他们是不喜欢的。他们会直接说:"让我们马上去干!行动是最好的语言。"

强者的生活就是面对和克服那些像潮水一样涌来的逆境,他们不会放过"往上爬"的机会,因为他们经历了太多的逆境。在现实中我们看到许多成功者都来自不利的环境,他们都能从逆境淹没的世界里走出来。

迎接挑战要付出的代价是很大的,谁都不能否认这点,但是在战胜挑战后收获同样也是丰厚的。正是因为这样,那些懦弱的半途而废者所付出的代价,要比迎接挑战付出的还多。

"奇迹多是在厄运中出现的。"很多事情在顺利的情况下做不成,而在受挫折后,经受悲痛的"浸染"后,却能做得更完美,更理想。

**"压力能使人产生奇异的力量。"**人们最出色的工作往往是在逆境下做出的。思想上的压力,甚至肉体上的痛苦,都可能成为精神上的兴奋剂。

压力,为人创造了值得思考琢磨的机会,使人能尽快成熟起来。世上成大事的人无不是经过艰苦磨炼的。艰难的环境会使人沉沦,但是在成大事者的眼里,困难终会被克服。这就是所谓的"艰难困苦,玉汝于成",即经过艰辛的雕琢,玉才可成器。

要想成为强者,需学阿甘不停"奔跑",用自己的坚强与执着谱写人生一章又一章的辉煌乐章。

心灵悄悄话

"真正成功的人生,不在于成就的大小,而在于你是否努力地去实现自我,喊出自己的声音,走出属于自己的道路。"人生如戏,即使今天你是炙手可热的主角,明天你可能就是一个跑龙套的。可谓是:"平步青云会有时,误杀落地未尝知。"聪明人总是用平常心应对人生中的起起伏伏。这就是一种大智慧,台上台下都能自在坚韧、淡然洒脱。

# 强大的心态能越过苦难

## 内心的强大才是真的强大

1952 年,海明威发表了中篇小说《老人与海》:老渔夫桑提亚哥在海上连续 84 天没有捕到鱼。

起初,有一个叫曼诺林的男孩跟他一道出海,可是过了 40 天还没有捕到鱼,孩子就被父母安排到另一条船上去了,因为他们认为孩子跟着老头不会交好运。

第 85 天,老头儿一清早就把船划出很远,他出乎意料地钓到了一条比船还大的马林鱼。老头儿和这条鱼周旋了两天,终于叉中了它。但受伤的鱼在海上留下了一道腥踪,引来无数鲨鱼的争抢,老人奋力与鲨鱼搏斗,但回到海港时,马林鱼只剩下一副巨大的骨架,老人也精疲力竭地一头栽倒在地上。

孩子来看老头儿,他认为桑提亚哥没有被打败。那天下午,桑提亚哥在茅棚中睡着了,梦中他见到了狮子。

"一个人并不是生来要被打败的,你尽可以把他消灭掉,可就是打不败他。"这是桑提亚哥的生活信念,虽然渔夫已老,但他依然胸怀壮志,这样一个坚强的人,怎么可以说不是强者?

或许,每个人对于"强者"的定义都不同。但无论千种万种结论,强者的本质在于内心,一个内心强大的人,远远强于只徒有外表的懦弱者。

从心理学上来说,强者要具备 4 种关键的品质:

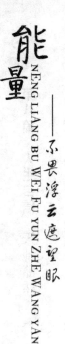

### 1. 独立性

独立性是指个体倾向于自主地选取决定和行动,既不易受外界环境的偶然影响,也不易被周围人所左右。一个强者,首先必须独立,不依赖别人,这样才能成为自己的主宰,让自己能够独立发展存在。

意大利诗人但丁由于反对当时权重势大的教皇统治,被教皇罗织罪名,判处终身放逐。在他逝世前5年,教皇曾宣布,若他当众认罪,就允许他回国。但丁为不使自己的清白遭受玷污,断然拒绝。他说:"一心循着你自己的道路走,让人家随便怎样去说吧!"这句为马克思十分欣赏的名言,显示出一种高度独立的意志特征。

### 2. 果断性

果断性是指善于在复杂的情境中迅速而有效地做出决定。欲求成功,把握时机很重要,时机瞬间即逝,只有处事果断,才能抓住有利时机。强者不仅要有强劲的韧性,还要有果敢的勇气。强者不是有勇无谋的武夫,而是智勇双全的勇士。他们能够随机应变,而不优柔寡断,"该出手时就出手"是强者的英雄本色。

### 3. 坚韧性

人生是一个漫长的过程,实现人生的总目标,需要数十年的奋斗。长时期地向着既定目标奋进、拼搏,必须具有坚忍的意志。鲁迅在"风雨如磐"的旧社会,特别强调要坚持"韧性的战斗"。

许多卓有成就的革命家、科学家、文艺家之所以取得成功,除了他们的才能之外,无一例外地都具有坚忍的意志。正是这种坚韧性,使他们数十年如一日地克服种种艰难险阻,百折不挠地向前搏击。强者可以被打败,但不可以被打倒。这便是坚韧性。

### 4. 自制力

人不但是客观环境的主人,也应是自己的主人。人能根据正确的原则指挥自己,控制自己。

自制力典型的范例是英雄邱少云。他为了不在敌人面前暴露目标,强忍烈火烧身的煎熬,一动不动,直至失去生命。这是为了事业,为了全局利益,高度发挥了人的自制力。这一事例也证明,一个人高尚而强烈的社会性动机可以在很大程度上制约和克服自己的生理性动机,展示出令人惊叹的意志力量。自制,让强者时时进行自我规范、自我完善。用强大的自制力规范自我,使得强者比平常人更加优秀。

强者——正是我们所追求的目标。我们之所以追随强者的脚步,是因为有了它我们才可能获得一次又一次成功,是因为有了它我们才可能登上生命的巅峰。

我们追求内心的强大,它让我们无畏于征途中的艰难险阻,它让我们在一次次挫折之后仍是不屈不挠,它让我们在承受一次又一次的打击后却仍能为心的向往而努力奋斗。

只有在拥有坚韧的品格之后才能具有坚强心理承受力,而有了坚强的心理承受力之后,你便能正视厄运——从厄运中吸取经验教训,争取下一次的成功,而不是在遭受打击之后一蹶不振,永远陷于"厄运"的泥淖中再无翻身之地。

我们追求内心的强大,是因为我们在一些方面仍不能承受过重的压力,是因为我们还不能正确地面对自身的一些问题,是因为我们在受到失败的打击之后,仍需旁人的鼓励和鞭策,而不能靠自身的力量去摆脱失败的痛苦。这是我们不想见到的。所以,我们需要追求独立坚韧的品格,追求果断自制的理性,追求那无处不在的坚强的心理承受力。

我们追求内心的强大,是因为我们是处于钢铁和鸡蛋之间的那种人——具有一定的心理承受力,虽不像鸡蛋一般脆弱,但也没有钢铁的坚强。这种人可能在失败后获得成功,也可能在挫折中一败涂地。这是我们不想见到的。所以我们仍需去追求,追求坚韧,追求坚强。

**但是一颗坚强的心并不是说说就能拥有的,它需要我们通过不懈的努力,才能树立起正确的世界观和人生观,勇敢面对各种失败和挫折。**只有正确地面对失败,才有失败后仍然坚持成功的信念;只有失败后的成功,才能证明你是一个强者,才算拥有坚强的心理承受力。

即使贫穷、潦倒、失败、一无所有,甚至疾病缠身,这种种的厄运围绕在一个人周围,都没有关系,只要他拥有一颗强大的内心,终究会击退厄运之魔,以强者之姿傲然挺立。

拥有强者心态,一切皆有可能。

## 人生不经历风雨不精彩

人们在获得成功的道路上,不但会遭遇挫折,而且还会遭遇困难和艰辛。

这些磨难只能吓住那些性格软弱的人。对于真正坚强的人来说,任何磨难都难以迫使他就范。相反,磨难越多,对手越强,他们就越感到拼搏有意义。黑格尔说:"人格的伟大和刚强只有借矛盾对立的伟大和刚强才能衡量出来。"

奥斯特洛夫斯基曾说过:"人的生命似洪水在奔腾,不遇着岛屿和暗礁,难以激起美丽的浪花。"

大文豪巴尔扎克说:"世界上的事情永远不是绝对的,结果完全因人而异。苦难对于天才是一块垫脚石……对于能干的人是一笔财富,对弱者是一个万丈深渊。"

生活中总避免不了困难与不幸,但有些时候,它们并不都是坏事。平静、安逸、舒适的生活,往往使人安于现状,耽于享受;而挫折和磨难,却能使人受到磨炼和考验,变得坚强起来。"自古雄才多磨难,从来纨绔少伟男"。痛苦和磨难,不仅会把我们磨炼得更坚强,而且能扩大我们对生活的认识范围和认识的深度,变得更加成熟。比如,别人的嫉妒和谣言中伤会给我们带来痛苦,但从另一个角度来看,也让我们认识到人与人之间的复杂关系,练就一身"百毒不侵"的功夫,更好地在人群中保护自己,在调整和处理人际关系上学到更多的东西。再比如,进行某项改革,由于经验不足失败了,这是痛苦的。但是,失败所带来的启示常会把我们引向成功之路。只要不泄气,勇于继续探索,善于总结经验教训,就一定能开辟出一条成功的道路来。

美国科学家弗罗斯特教授不屈不挠地苦斗了 25 年,硬是用数学方法推算出太空星群以及银河系的活动、变化规律。可是你知道吗,他是个盲人,完全看不见他终生热爱着的天空。英国辞典编纂家塞缪尔·约翰生视力衰弱,但他却成功地编纂了全世界第一本真正堪称伟大的《英语词典》。英国大诗人弥尔顿最完美的杰作诞生于他双目失明之后。达尔文被病魔缠身 40

年,可是他从未间断过对改变了整个世界观念的科学预想的探索。爱默生一生多病,但是他留下了美国文学史上第一流的诗文集。查理斯·狄更斯,他的一生都在与病魔作斗争,但他却创作了世界上最优秀的小说……

在生活和工作中遭受挫折、经受考验是很正常的事情,像朋友的背叛、家人的不理解,等等,所有这些,我们都可能会遇到。每当我们遇到这些挫折的时候,我们应该扪心自问:我所遇到的这一切,与弗罗斯特、塞缪尔、弥尔顿、达尔文他们相比,又算得了什么呢?

种子深埋在泥土之中,泥土既是它发芽的障碍,更是它生长的基础和源泉。瀑布迈着勇敢的步伐,在悬崖峭壁前毫不退缩,因山崖的拦截碰撞造就了自己生命的壮观。挫折是成功的前奏曲,挫折是成功的磨刀石。因挫折而一蹶不振的人,是生活的弱者;视挫折为人生财富的人,才会获得成功的桂冠。

**挫折是惊涛骇浪的大海,你既可以在那里锻炼胆识,磨炼意志,获取宝藏,也有可能因胆怯而后退,甚至被吞没。**

真正的强者,不但在碰到困难时不害怕,而且在没有碰到困难时,积极主动地寻找困难。这些具有更强的成就欲的人,是希望冒险的开拓者,他们更有希望获得成功。在《一千零一夜》里,有一个勇敢的航海家辛伯达,他总是去寻求那种与大自然抗争、与海盗搏斗的惊险航行,而恰恰是这些经历使他应付危机的能力大大增强,使他一次次大难不死,安全抵达目的地。在生活和事业中,千千万万的强者,不正是从克服困难的过程中,取得了一个又一个引人注目的成就吗?

成功,是在不断地挫折和失败中建立起来的,它不仅是一种结果,更是一种不怕失败、在磨难中永不屈服的能力。松下幸之助说:"成功是一位贫乏的教师,它能教给你的东西很少;我们在失败的时候,学到的东西最多。"因此,不要害怕失败。没有失败,你不可能成功。那些不成功的人是永远没有失败过的人。

困难的环境,最能磨炼人的意志,增强人的才干,对人的性格有着特殊的锻炼价值。对于磨难,我们不必害怕也不必回避,而应以强者的姿态迎难而上,在征服磨难的过程中,锻炼得更加坚强。

有的人能够战胜和超越磨难站立起来,而有些人则被磨难击垮。在磨难中站起来的是强者,正如鲁迅所说:"真的猛士敢于直面惨淡的人生,敢于正视淋漓的鲜血。"古今中外,强者战胜磨难的感人事迹不胜枚举。而被磨难击垮的则是弱者。弱者在磨难面前只看到困难和威胁,只看到所遭受的损失,只会后悔自己的行为,或怨天尤人,整天处于焦虑不安、悲观失望、精神沮丧之中;而强者却能战胜磨难,坚持到最后。

只有经历了风雨的彩虹才会放出美丽的光彩,只有从困境中走出的人才是真正的强者。

不懂得在痛苦中丰富和提高自己的人,多半是愚蠢和懦弱的。对我们遇到的种种挫折和问题,既不能回避,也不要沮丧,而是多想办法,迎难而上,这样才能使自己与智慧结下缘分,让磨难铸就你的辉煌人生。

 心灵悄悄话 ✳

低头是一种能力,它不是自卑,也不是怯弱,它是清醒中的嬗变。有时,稍微低一下头,或者我们的人生路会更精彩。